全国高等职业教育"十二五"规划教材
中国电子教育学会推荐教材
全国高等职业院校规划教材·精品与示范系列

院级精品课
配套教材

数字通信技术及应用

龚佑红　周友兵　主编
束美其　苏红艳　管金虹　参编

電子工業出版社
Publishing House of Electronics Industry
北京·BEIJING

内 容 简 介

本书按照教育部最新的职业教育教学改革要求，结合近几年示范专业建设课程改革成果进行编写，注重新技术和实际应用，注重技能培养，注重学习引导和理解。全书从通信相关职业岗位的技能要求出发，以通信中信号的传输处理过程为主线，将信号的产生、信源编码、信道编码、调制、解调、信道译码、信源译码等理论知识分为 7 个模块进行介绍。各模块安排有"教学导航、案例导入、技术解读、案例分析、实训、知识梳理与总结、单元测试"等，内容丰富新颖，易于教学，有利于学生较好地掌握职业技能。

本书为高职高专院校各专业数字通信技术课程的教材，也可作为开放大学、成人教育、自学考试、中职学校、培训班的教材，以及通信工程技术人员的一本好参考书。

本书配有免费的电子教学课件、测试题参考答案和**精品课网站**，详见前言。

图书在版编目（CIP）数据

数字通信技术及应用／龚佑红，周友兵主编. —北京：电子工业出版社，2011.3

全国高等职业院校规划教材·精品与示范系列

ISBN 978-7-121-12980-3

Ⅰ．①数…　Ⅱ．①龚…　②周…　Ⅲ．①数字通信–高等学校:技术学校–教材　Ⅳ．①TN914.3

中国版本图书馆 CIP 数据核字（2011）第 027543 号

策划编辑：陈健德（E-mail：chenjd@phei.com.cn）
责任编辑：毕军志
印　　刷：北京虎彩文化传播有限公司
装　　订：北京虎彩文化传播有限公司
出版发行：电子工业出版社
　　　　　北京市海淀区万寿路 173 信箱　邮编 100036
开　　本：787×1092　1/16　印张：13.25　字数：336 千字
版　　次：2011 年 3 月第 1 版
印　　次：2018 年 11 月第 8 次印刷
定　　价：29.00 元

凡所购买电子工业出版社图书有缺损问题，请向购买书店调换。若书店售缺，请与本社发行部联系，联系及邮购电话：(010)88254888，88258888。

质量投诉请发邮件至 zlts@phei.com.cn，盗版侵权举报请发邮件至 dbqq@phei.com.cn。

本书咨询联系方式：chenjd@phei.com.cn。

职业教育　继往开来 (序)

　　自我国经济在 21 世纪快速发展以来，各行各业都取得了前所未有的进步。随着我国工业生产规模的扩大和经济发展水平的提高，教育行业受到了各方面的重视。尤其对高等职业教育来说，近几年在教育部和财政部实施的国家示范性院校建设政策鼓舞下，高职院校以服务为宗旨、以就业为导向，开展工学结合与校企合作，进行了较大范围的专业建设和课程改革，涌现出一批示范专业和精品课程。高职教育在为区域经济建设服务的前提下，逐步加大校内生产性实训比例，引入企业参与教学过程和质量评价。在这种开放式人才培养模式下，教学以育人为目标，以掌握知识和技能为根本，克服了以学科体系进行教学的缺点和不足，为学生的顶岗实习和顺利就业创造了条件。

　　中国电子教育学会立足于电子行业企事业单位，为行业教育事业的改革和发展，为实施"科教兴国"战略做了许多工作。电子工业出版社作为职业教育教材出版大社，具有优秀的编辑人才队伍和丰富的职业教育教材出版经验，有义务和能力与广大的高职院校密切合作，参与创新职业教育的新方法，出版反映最新教学改革成果的新教材。中国电子教育学会经常与电子工业出版社开展交流与合作，在职业教育新的教学模式下，将共同为培养符合当今社会需要的、合格的职业技能人才而提供优质服务。

　　近期由电子工业出版社组织策划和编辑出版的"全国高职高专院校规划教材·精品与示范系列"，具有以下几个突出特点，特向全国的职业教育院校进行推荐。

　　（1）本系列教材的课程研究专家和作者主要来自于教育部和各省市评审通过的多所示范院校。他们对教育部倡导的职业教育教学改革精神理解得透彻准确，并且具有多年的职业教育教学经验及工学结合、校企合作经验，能够准确地对职业教育相关专业的知识点和技能点进行横向与纵向设计，能够把握创新型教材的出版方向。

　　（2）本系列教材的编写以多所示范院校的课程改革成果为基础，体现重点突出、实用为主、够用为度的原则，采用项目驱动的教学方式。学习任务主要以本行业工作岗位群中的典型实例提炼后进行设置，项目实例较多，应用范围较广，图片数量较大，还引入了一些经验性的公式、表格等，文字叙述浅显易懂。增强了教学过程的互动性与趣味性，对全国许多职业教育院校具有较大的适用性，同时对企业技术人员具有可参考性。

　　（3）根据职业教育的特点，本系列教材在全国独创性地提出"职业导航、教学导航、知识分布网络、知识梳理与总结"及"封面重点知识"等内容，有利于老师选择合适的教材并有重点地开展教学过程，也有利于学生了解该教材相关的职业特点和对教材内容进行高效率的学习与总结。

　　（4）根据每门课程的内容特点，为方便教学过程对教材配备相应的电子教学课件、习题答案与指导、教学素材资源、程序源代码、教学网站支持等立体化教学资源。

　　职业教育要不断进行改革，创新型教材建设是一项长期而艰巨的任务。为了使职业教育能够更好地为区域经济和企业服务，殷切希望高职高专院校的各位职教专家和老师提出建议和撰写精品教材（联系邮箱：chenjd@ phei. com. cn，电话：010 - 88254585），共同为我国的职业教育发展尽自己的责任与义务！

中国电子教育学会

前言

现代社会是信息化社会，人们的生活和工作都离不开信息的传递和交换，通信对社会的现代化进程起到了极其重大的推动作用，世界各国在通信领域都投入了大量的人力、物力和财力，通信技术已渗透到社会许多行业的职业岗位中，因此通信技术也已成为高职高专院校学生就业必需的重要能力之一。

目前，高职高专院校多个专业都开设本课程，但是对于目前介绍通信技术基本原理和理论的教材，大多数院校反映教材内容原理性强，知识深奥难懂，内容和实际应用脱节，学习效果不佳，因此编者结合几年来的课程改革实践经验，意在编写出方便教学、针对高职学生学习特点的应用型教材。

本教材通过案例引导，以实际案例分析技术知识，将理论与实际进行了充分结合。加上每个模块设定有实训项目，非常有利于学生学习知识和提高技能，并拓展了学生的知识面，激发了学生的学习兴趣。本教材的主要特点如下。

（1）教材内容模块化：从通信相关职业岗位的技能要求出发，以通信中信号的传输处理过程为主线，将数字通信技术的原有传统知识进行综合与整理，结合职业教育的特点，通过 7 个模块进行介绍。

（2）典型案例重应用：注重理论和实际的充分结合，在每个模块的开头以实际案例引入本模块知识内容，技术解读结束后再针对另一案例进行分析。各模块案例引入的内容有：VoIP 网络电话系统，固定电话网中的信道、音频通信终端、差错控制技术在蓝牙系统中的应用，基带局域网、移动通信系统中的调制技术，数字程控交换机中的同步问题等。

（3）实训项目练技能：每个模块根据不同的内容设计不同类型的实训项目，包括现场实训、仿真实训、实验、工程实践等形式。

（4）内容梳理助理解：每个模块内容讲解完后，通过知识梳理与总结部分对本模块的知识体系、知识要点、重要公式等内容，按照学生学习的逻辑过程进行简单的梳理分析和总结。同时，在模块的每个小节后都配有灵活性较强的思考题，帮助学生开动脑筋，更好地理解所学内容。

本书内容丰富新颖，易于教学，主要内容包括：模块一 初识数字通信、模块二 通信信道认知、模块三 信号的有效传输技术、模块四 信号的可靠传输技术、模块五 数字信号的基带传输、模块六 数字信号的频带传输、模块七 通信系统的同步。建议课堂教学时数为90 学时，具体分配见各模块教学导航，各院校可根据实际教学情况进行相应的学时调整和内容取舍。

本书由龚佑红、周友兵主编，束美其、苏红艳、管金虹参与编写。在本书的编写过程中还得到淮安信息职业技术学院信息与通信工程系领导和同行们的大力支持和热情帮助，在此表示衷心的感谢！

由于作者水平和时间有限，加之通信技术及其应用涉及面广，书中难免存在不足和谬误，恳请阅读本书的专家学者及工程技术人员批评指正！

为了方便教师教学及学生学习，本书配有免费的电子教学课件和测试题参考答案，请有需要的教师及学生登录华信教育资源网（http：//www.hxedu.com.cn）免费注册后再进行下载，有问题时请在网站留言或与电子工业出版社联系（E-mail：hxedu@phei.com.cn）。读者也可通过该精品课网站（http：//210.29.224.5：8888/sztx/index.html），浏览和参考更多的教学资源。

编　者

目 录

模块一

初识数字通信

教学导航1

教	知识重点	1. 通信基本概念。 2. 数字通信系统的组成及其各部分功能。 3. 数字通信系统的有效性和可靠性指标。 4. 数字通信的优点和缺点。
	知识难点	1. 数字通信系统的有效性和可靠性之间的关系。 2. 信息量、传码率、传信率、频带利用率、误码率及误信率的计算。
	推荐教学方式	1. 通过实用通信系统案例介绍，导出数字通信系统组成理论知识，激发学生学习兴趣。 2. 通过实用通信系统现场认知实训，加深对通信系统组成的感性认识。 3. 另举一实用通信系统进行案例分析，巩固理论知识，将理论与实际结合起来，同时拓展学生知识面。
	建议学时	12 学时
学	推荐学习方法	1. 本模块要注重概念的理解。 2. 理论学习要注意结合给出的案例及实训来理解，要注重实际系统与理论模型的对应关系。 3. 通过典型例题掌握信息量、传码率、传信率、频带利用率、误码率及误信率的计算方法。
	必须掌握的 理论知识	1. 通信基本概念。 2. 数字通信系统的组成及其各部分功能。 3. 数字通信的优点和缺点。
	必须掌握的技能	1. 会计算数字通信系统有效性和可靠性指标。 2. 针对任意的实用通信系统，能找出与系统模型的对应关系。

案例导入 1　VoIP 网络电话系统

随着社会的快速发展，生活节奏的加快，电话已经成为人们工作、生活中一种不可或缺的重要通信工具。电话的发展经历了从模拟到数字，从固定到移动的变更，电话的形式越来越多样化，语音质量越来越好，资费也越来越便宜。其中，VoIP 网络电话就是近年来兴起的一种电话形式，由于只用一台计算机、一条宽带、几台电话机加上一个计费软件和语音网关就可以构建一个网络"话吧"，网络公司向加盟者或者运营商提供技术支持即可，而且语音清晰、稳定无回音、不断线、资费极其合理，因此网络电话"话吧"在学校、居民住宅区、工业区很受消费者欢迎。

VoIP 全称为 Voice over Internet Protocol，中文意思是"通过 IP 数据包发送实现的语音业务"，通俗来说也就是通过互联网打电话。VoIP 网络电话是建立在 IP 技术上的分组化、数字化传输技术，其基本原理是：通过语音压缩算法对语音数据进行压缩编码处理，然后把这些语音数据按 IP 等相关协议进行打包，经过 IP 网络把数据包传输到接收地，再把这些语音数据包串起来，经过解码解压处理后，恢复成原来的语音信号，从而达到由 IP 网络传送语音的目的。

VoIP 网络电话系统基本构成示意图如图 1-1 所示，主要由终端设备（TE）、IP 电话网关（GW）、PSTN/ISDN/PBX 网络、IP 网以及 IP 电话网的管理层面构成。

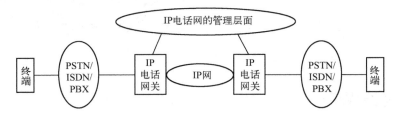

图 1-1　VoIP 网络电话系统的基本构成示意图

终端是提供实时、双向通信的用户设备。IP 电话网关处于电话网与 IP 网络之间，是 IP 网络与 PSTN/ISDN/PBX 网络之间的接口设备，也是实现 VoIP 网络电话的核心与关键设备，具有路由管理功能。终端把各地区电话区号映射为相应的地区网关 IP 地址，这些信息存放在一个数据库中，有关处理软件完成呼叫处理、数字语音打包、路由管理等功能。在用户拨打 VoIP 网络电话时，电话网关根据电话区号数据库资料，确定相应网关的 IP 地址，并将此 IP 地址加入 IP 数据包中，同时选择最佳路由，以减少传输时延，IP 数据包经因特网到达目的地电话网关。对于因特网未延伸到或暂时未设立网关的地区，可设置路由，由最近的网关通过长途电话网转接实现通信业务。管理层面包括用户的注册和管理、业务的管理、计费的管理及技术的支持等。

我国 VoIP 网络电话系统的组网结构如图 1-2 所示。其中网闸又称网守，负责用户的注册和管理，一个网闸可以管理多个网关，主要功能有：用户认证、地址解析、带宽管理、路由管理、安全性管理、区域管理、呼叫处理等。

一个典型的呼叫过程是：呼叫由 PSTN 语音交换机发起，通过中继接口接入网关，网关获得用户希望呼叫的被叫号码后，向网守发出查询信息，网守查找被叫网关的 IP 地址，并根据网络资源情况来判断是否应该建立连接。如果可以建立连接，则将被叫网关的 IP 地址

通知给主叫网关，主叫网关在得到被叫网关的 IP 地址后，通过 IP 网络与对方网关建立起呼叫连接，被叫网关则向 PSTN 网络发起呼叫并由交换机向被叫用户振铃，被叫摘机后，被叫网关和交换机之间的话音通道连通，网关之间则开始利用 H.245 协议进行能力交换，确定通话使用的编解码，在能力交换完成后，主被叫方即可开始通话。

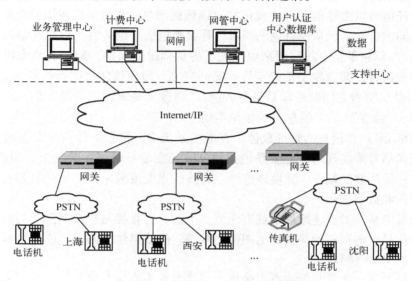

图 1-2　我国 VoIP 网络电话系统的组网结构

思考题

VoIP 网络电话系统由哪些部分构成？各部分的作用是什么？

 技术解读 1

1.1　通信基本概念

通信技术中常涉及"通信"、"消息"、"信息"及"信号"这四个术语，它们之间既有联系又有区别。

通信（Communication）是信息（或消息）的传输和交换过程。美国科学家、信息论的奠基人香农（C. E. Shannon）指出，人们只在两种情况下有通信的需要：一是自己有消息要告诉对方，而估计对方不知道这个消息；二是自己有某种疑问要询问对方，估计对方能给出一定的解答。这里的"不知道"、"疑问"就是通信前对某事件可能发生的结果不能做出明确的判断，存在"不确定性"。通信后，由原先的"不知道"到"知道"，原先的"疑问"得到了解答，即消除了原先存在的不确定性。通信的作用就是通过消息的传送，使接收者从收到的消息中获取了一定的信息，消除了原先存在的不确定性。我们一般所说的通信是指电信，即以语言、图像、数据为媒体，通过电或光信号将信息由一方传输到另一方。

消息（Message）是信源所产生的信息的物理表现形式，是我们感觉器官所能感知的语言、文

字、数据、图像等的统称。消息可分为离散消息和连续消息两类，如文字、符号、数据等消息状态是可数的或有限的，为离散消息；如语音、图像等消息状态是连续变化的，为连续消息。

信息（Information）是消息的内涵，即消息中所包含的对受信者（信宿）有意义的内容。因此，通信的根本目的在于传输含有信息的消息。信息可以是语音、图像、数据、字符或者代码等任何可以由受信者（人或机器）读懂的消息。从通信或传输的角度来讲，信息和消息具有相同的含义。但从信息论的观点，香农则把信息定义为"信息就是用来消除不确定性的东西"，即信息是指对收信者来说预先不确切知道的事情。通信的结果可使收信者知道了某一确定的内容，即消除了不确定性。简而言之，通信可使接收者收到一定的信息。"信息"与"消息"两者之间既有联系又有区别。"消息"是表达"信息"的形式，是载荷"信息"的客体；"信息"是"消息"的抽象本质。

信号（Signal）是消息的物理载体。在通信系统中，消息的传递常常是通过它的物质载体电信号或光信号来实现的，也就是说把消息寄托在信号的某一参量上，如连续波的幅度、频率或相位；脉冲波的幅度、宽度或位置；光波的强度或频率等。与消息相对应，可将信号分为模拟信号和数字信号。

模拟信号的某一参量连续取值或有无穷多个值，且直接与连续消息相对应。例如，电话送出的语音信号、电视摄像机输出的图像信号等。但值得注意的是，模拟信号不一定在时间上都连续，如 PAM 信号。

数字信号的某一参量只能取有限个值，并且常常不直接与离散消息相对应。例如，电报信号、计算机输入/输出信号、PCM 信号等。值得注意的是，数字信号不一定在时间上也离散，如 2PSK 信号。

> **思考题**
>
> "通信"、"信息"、"消息"及"信号"分别有什么含义？它们之间有怎样的联系和区别？

1.2　数字通信系统组成

1.2.1　通信系统的一般模型

在案例导入 1 中介绍的案例 VoIP 网络电话系统是计算机、网络和通信结合的产物，是现代数据通信网的业务网之一。它的基本任务就是完成信号从一地到另一地的传递，这也是通信的任务，完成信息传送的一系列技术设备及传输媒质构成的总体就是通信系统。由图 1-1 所示的 VoIP 网络电话系统的基本构成可以看出，一个基于点与点之间的通信系统通常由发送端、传输媒介、接收端三大部分构成，点对点通信系统的一般模型如图 1-3 所示。

图 1-3　点对点通信系统的一般模型

　　发送端包括信源和发送设备，接收端包括信宿和接收设备，传输媒介即信道。在 VoIP 网络电话系统中，终端设备部分既是发送设备，也是接收设备；IP 电话网关、PSTN/ISDN/PBX 网络及 IP 网络中设备也属于发送和接收设备范畴。PSTN/ISDN/PBX 网络及 IP 网络中的光缆、电缆等传输媒介是用来传送语音信息的信道。

　　通信系统一般模型由以下几个主要部分组成。

　　（1）信源（Source）：原始电信号的来源。它的作用是把原始消息转换成原始电信号，即完成非电量到电量的变换，这样的电信号通常称为基带信号。例如，话筒、摄像机等属于模拟信源，送出的是模拟信号；电传机、计算机等各种数字终端设备是数字信源，输出的是数字信号。

　　（2）发送设备（Transmitter）：许多电路和系统的总称。发送设备的主要功能有两个：放大和变换。要把信号传往远处，就必须把它放大到具有足够的功率，再发送出去。另外，发送设备将信源和信道匹配，把原始电信号变换（包括编码、调制等）成适合在信道中传输的信号。

　　（3）信道（Channel）：用于在发送设备和接收设备之间传输信号的媒质。根据传输媒质的不同，信道可分为有线信道和无线信道两大类。有线信道包括明线、同轴电缆、光纤等；无线信道可以是大气（自由空间）、真空及海水（包括地波传播、短波电离层反射）等。有线信道和无线信道均有多种物理媒质，媒质的固有特性和引入的干扰与噪声直接关系到通信的质量。因此，在通信系统模型中，信道是噪声（干扰）集中加入之处。

　　（4）噪声源（Noise）：不是人为加入的设备，而是通信系统中各种设备以及信道中噪声与干扰的集中表示。

　　（5）接收设备（Receiver）：其任务是对带有干扰的接收信号进行必要的处理和变换，从中正确恢复出相应的原始信号，即进行与发送设备相对应的反变换，如解调、解码等。

　　（6）信宿（Destination）：信息传输的归宿点或通信系统的终点，可以是人或者机器。其作用与信源的作用相反，即完成电量到非电量的变换，将恢复出来的原始电信号转换成相应的消息。典型的例子有：扬声器、显像管、计算机等。

1.2.2　数字通信系统模型

　　通信系统按传输信号类型可分为模拟通信系统和数字通信系统。利用模拟信号来传递信息的系统称为模拟通信系统；利用数字信号来传递信息的系统称为数字通信系统。在如图 1-3 所示的点对点通信系统的一般模型中，如果将发送端和接收端功能进一步分解，选择相应功能设备则可构成不同的通信系统。

　　数字通信系统模型如图 1-4 所示。

　　信源产生的信号绝大多数都是模拟信号。信源编码的功能有两个：一是将模拟信号转换成相应的数字信号，即模/数转换，以进入数字通信系统传输，常用的模/数转换方法有脉冲编码调制（PCM）技术、增量调制（ΔM）技术及自适应差值脉冲编码调制（ADPCM）技术等；二是通过数据压缩设法降低数字信号的数码率，从而提高消息传输的有效性。在某些系统中，信源编码还包含加密功能，即在压缩后进行保密编码，以提高数字信息传输的安全性。

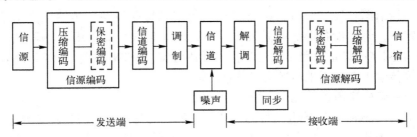

图 1-4　数字通信系统模型

信道编码的功能有两个：一是对传输的信息码元按一定的规则加入监督码元，组成所谓的"抗干扰编码"，提高数字通信系统的抗干扰能力，实现可靠通信；二是为了使信源编码后的数字信号更适合于在信道上传输，进行码型变换。

经过信源编码和信道编码后的数字信号仍然是基带信号，只适于在有线信道中直接传输，在无线信道中不能直接传输。基带信号必须经过调制，调制是将数字基带信号转换成适于信道传输的数字频带信号。将基带信号的频谱搬移到适于无线信道传输的频谱上，才能在无线信道中传输。

接收端的解调、信道解码、信源解码等设备的功能与发送端对应设备的功能正好相反，是——对应的反变换关系。

噪声分为系统内部噪声与系统外部噪声两大类。噪声对通信是有害的，因为它对通信系统中的信号传输与处理起扰乱作用。因此，必须通过改善传输媒质性能和信道编码等措施来加以克服。

同步是使收发两端的信号在时间上保持步调一致，它是保证数字通信系统有序、准确、可靠工作的前提条件。按照同步的作用不同，分为载波同步、位同步、群同步和网同步。

在数字通信系统中还经常运用数字复接技术，数字复接是依据时分复用基本原理把若干个低速数字信号合并成一个高速的数字信号，以增大传输容量和提高传输效率。

对于具体的数字通信系统而言，其方框图并非要和图 1-4 完全一样。例如，若信源发出的是数字信号，则信源编码和信源解码环节就可省掉；若通信距离不太远，且通信容量不太大时，信道一般可采用基带传输方式，这样就不需要调制和解调环节了。

思考题

1. 以无线广播为例，想想图 1-3 的一般模型中信源、信宿及信道包含的具体内容是什么？

2. 在数字通信系统的一般模型中，各组成部分的主要功能是什么？

1.3　数字通信系统性能指标

为了衡量通信系统的质量优劣，必须引入通信系统的性能指标。通信系统的性能指标涉及通信的有效性、可靠性、标准性、经济性等方面。从信息传输的角度来讲，通信的任务是快速、准确地传递信息。因此，评价一个通信系统优劣的主要性能指标是系统的有效性和可靠性。在介绍有效性和可靠性指标之前，我们还需要先理解信息的度量问题。

1.3.1 信息量

信息是消息中包含的有意义或有效的内容，信息包含在消息之中。不同消息包含的信息量不同，不同受信者从同一消息中所获得的信息量也不同，从而需要对信息进行度量。离散消息的信息量与消息的概率有关，连续消息的信息量则与消息的概率密度函数有关。下面仅分析离散消息的信息量。

1. 信息量定义

衡量某消息中包含信息多少的物理量称为信息量。对于离散消息，信息量的定义为：若一离散消息 x_i 出现的概率为 $P(x_i)$，则这一消息所含的信息量为

$$I(x_i) = \log_a \frac{1}{P(x_i)} = -\log_a P(x_i) \tag{1-1}$$

信息量的单位取决于式（1-1）中对数底 a 的取值。$a=2$ 时，信息量单位为比特（bit）；$a=e$ 时，信息量单位为奈特（nat）；$a=10$ 时，信息量单位为哈特莱（Hartly）。目前广泛使用的单位为比特。从信息量的定义可以看出，信息量是消息出现概率的函数，消息出现的概率越小，所包含的信息量越大；若某消息由若干个独立消息组成，则该消息所包含的信息量是每个独立消息所含信息量之和。

2. 离散独立等概消息的信息量

若某消息集由 M 个可能的消息（事件）所组成，每次只取其中之一，各消息之间相互统计独立，且出现概率相等，$P(x_i) = 1/M$，则这类消息为离散独立等概消息。

当 $M=2$（二进制）时，$P(x_i) = 1/2$，则

$$I(x_i) = -\log_2 P(x_i) = 1\text{bit} \tag{1-2}$$

即对于等概的二进制波形，其每个符号（码元）所包含的信息量为 1bit。

当 $M=2^N$（M 进制）时，$P(x_i) = 1/M = 2^{-N}$，则

$$I(x_i) = -\log_2 P(x_i) = \log_2 M = N\text{bit} \tag{1-3}$$

即等概 M 进制的每个符号（码元）所包含的信息量为 Nbit，是二进制的 N 倍。

3. 离散独立非等概消息的信息量

若某消息集由 M 个可能的消息（事件）所组成，每次只取其中之一，各消息之间相互统计独立，出现概率不等，且 $\sum_{i=1}^{M} P(x_i) = 1$，则这类消息为离散独立非等概消息。

根据信息量相加的概念，该类消息的信息量为

$$I = -\sum_{i=1}^{M} n_i \log_2 P(x_i) \text{bit} \tag{1-4}$$

式中，n_i 为第 i 种符号（码元）出现的次数；$P(x_i)$ 为第 i 种符号（码元）出现的概率；M 为信源的符号（码元）种类。当消息很长时，用符号出现概率和次数来计算信息量比较麻

烦，此时可用信源熵的概念来计算。

信源熵（entropy）是指信源符号集中每个符号所包含信息量的统计平均值。其定义式如下：

$$H(x) = -\sum_{i=1}^{M} P(x_i)\log_2 P(x_i) \quad 比特/符号 \tag{1-5}$$

可以证明，当信源中每个符号等概率独立出现时，信源熵有最大值。等概时，

$$P(x_i) = 1/M$$

因此，

$$H_{max} = \log_2 M \quad 比特/符号 \tag{1-6}$$

若某符号集的熵为 $H(x)$，则当符号集发送 m 个符号组成一则消息时，所发送的总信息量为

$$I = mH(x) = -m\sum_{i=1}^{M} P(x_i)\log_2 P(x_i) \, bit \tag{1-7}$$

1.3.2 有效性指标

有效性是指传输一定信息量时所占用的信道资源数（频率范围或时间间隔）。在模拟通信系统中主要用带宽来衡量；在数字通信系统中，一般用传输速率来衡量，具体指标有传码率、传信率和频带利用率。

1. 传码率

传码率又称码元速率、波特率，指系统在单位时间内传送码元数目的多少，用 R_B 表示，单位为码元/秒，又称波特（Baud）。

$$R_B = 1/T_B \tag{1-8}$$

式中，T_B 为码元持续时间。

码元是携带信息的基本数字信号单元。在数字通信中，它一般是指在信道中所传送数字信号的一个波形符号。它可以是二进制的，也可以是多进制的。在二进制数字通信系统中，码元只有两种取值，即"0"和"1"。

2. 传信率

传信率又称信息速率、比特率，指系统在单位时间内传送信息量的多少，用 R_b 表示，单位为比特/秒（bit/s）。

比特是英文 bit 的译音。比特的英文全称为 binary digit，意为二进制数字。在二进制中，1 位二进制数字就叫 1bit。在数字通信中，比特还是信息量的度量单位，一个等概二进制码元所包含的信息量为 1bit。

传信率与传码率具有不同的定义，二者不能混淆，但它们之间又有确定的关系。当传输的码元等概时，对于二进制来说，二者关系可表示为

$$R_{b2} = R_{B2} \tag{1-9}$$

因此，二进制的传码率与传信率在数值上是相等的，但两者单位不同。而对于 M 进制码

元来说，每一码元所包含的信息量为 $\log_2 M$ 比特。因此，二者关系可表示为

$$R_{bM} = R_{BM}\log_2 M \tag{1-10}$$

当传输的码元非等概时，二者关系可表示为

$$R_b = R_B H(x) \tag{1-11}$$

通过上述分析不难看出，码元速率相同的情况下，M 进制的信息速率比二进制高；在信息速率相同的情况下，M 进制的码元速率比二进制低。因此，从传输有效性方面考虑，多进制比二进制好。

3. 频带利用率

频带利用率是指通信系统在单位频带内所能达到的传码率或传信率，用 η_B 或 η_b 表示。它反映了系统对频带资源的利用水平，其定义式为

$$\eta_B = \frac{R_B}{B} \ \text{Baud/Hz} \tag{1-12}$$

$$\eta_b = \frac{R_b}{B} \ \text{bit/(s · Hz)} \tag{1-13}$$

式中，B 为信号传输占用的频带宽度。

将带宽与传输速率相联系，可以更好地考虑系统有效性。

【实例1-1】 某信息源的符号集由 A，B，C，D 和 E 组成，设每一符号独立出现，其出现概率分别为 1/4，1/8，1/8，3/16 和 5/16；信息源以 2000Baud 速率传递信息。

（1）求传送 1h（小时）的信息量。

（2）求传送 1h 可能达到的最大信息量。

解：（1）先求信息源的熵：

$$H = -\frac{1}{4}\log_2\frac{1}{4} - 2\times\frac{1}{8}\log_2\frac{1}{8} - \frac{3}{16}\log_2\frac{3}{16} - \frac{5}{16}\log_2\frac{5}{16} = 2.23 \text{ 比特/符号}$$

则平均信息速率　　$R_b = R_B H = 2000 \times 2.23 = 4.46 \times 10^3 \text{bit/s}$

故传送 1h 的信息量为　$I = TR_b = 3600 \times 4.46 \times 10^3 = 16.056 \times 10^6 \text{bit}$

（2）等概率时最大信息熵为　　$H_{max} = \log_2 5 = 2.33 \text{ 比特/符号}$

此时平均信息速率最大，故最大信息量为

$$I_{max} = TR_B H_{max} = 3600 \times 2000 \times 2.33 = 16.776 \times 10^6 \text{bit}$$

【实例1-2】 设有三个数字通信系统 A、B 和 C，在 125μs 时间内分别传送了 256 个八进制、二进制和二进制码元，而系统 B 和 C 所占用的信道频带分别为 2.048MHz 和 1.024MHz，试计算三个系统的传码率、传信率以及 B、C 两个系统的频带利用率。

解： $R_{B8} = 256/(125 \times 10^{-6}) = 2.048 \times 10^6 \text{Baud}$

$R_{b8} = R_{B8} \cdot \log_2 M = 2.048 \times \log_2 8 = 6.144 \times 10^6 \text{bit/s}$

$R_{B2} = R_{B8} = 2.048 \times 10^6 \text{Baud}$

$R_{b2} = R_{B2} \cdot \log_2 2 = 2.048 \times 10^6 \text{bit/s}$

$\eta_B = 2.048 \times 10^6/(2.048 \times 10^6) = 1\text{bit/(s · Hz)}$

$\eta_C = 2.048 \times 10^6/(1.024 \times 10^6) = 2\text{bit/(s · Hz)}$

由实例 1-2 可见，系统 A、B 虽然传码率相同，但系统 A 传信率高，故其有效性高。系统 B、C 虽然传码率、传信率相同，但系统 C 频带利用率高，更节省信道频率资源，因此系统 C 有效性高。因此，分析一个数字通信系统有效性不能只看其中一个指标，需要把传码率、传信率、频带利用率三者综合考虑。

1.3.3 可靠性指标

可靠性是指接收信息的准确程度，在模拟通信系统中主要用信噪比来衡量；在数字通信系统中，一般用差错率来衡量，具体指标有误码率、误信率。

1. 误码率

误码率是指码元在传输过程中被传错的概率，即在传输码元总数中发生差错的码元数所占的比例，用 P_e 表示。

$$P_e = \lim_{N \to \infty} \frac{\text{错误接收码元数 } n}{\text{传输总码元数 } N} \qquad (1-14)$$

误码率是多次统计结果的平均量，所以指的是平均误码率。

2. 误信率

误信率又称误比特率，指码元在传输过程中其信息量丢失的概率，即在传输比特总数中发生差错的比特数所占的比例，用 P_b 表示。

$$P_b = \frac{\text{错误接收比特数}}{\text{传输总比特数}} \qquad (1-15)$$

误比特率是通信系统常用的指标，不同的通信系统对误比特率的要求不同。例如，数字电话要求误比特率不大于 10^{-5}，而数据通信则要求误比特率不大于 10^{-8}。

对于二进制系统而言，$P_b = P_e$；对于多进制系统而言，$P_b < P_e$。因此，从传输可靠性考虑，二进制比多进制好。

【实例 1-3】 某信息源包含 A，B，C，D 四个符号，这四个符号出现的概率相等。以二进制比特进行传输，并已知信息传输速率 $R_b = 1\text{Mbit/s}$。试求：

（1）码元传输速率。

（2）该信息源工作 1h 后发出的信息量。

（3）若在问题（2）收到的信息量比特中，大致均匀地发现了 36 个差错比特，求误比特率和误码率。

解：（1）因为 $R_{bM} = R_{BM} \cdot \log_2 M$，所以 $R_{b4} = R_{B4} \cdot \log_2 4 = 2R_{B4}$，则

$$R_{B4} = \frac{1}{2} R_{b4} = \frac{1}{2} \times 10^6 = 5 \times 10^5 \text{Baud}$$

（2）$I = R_b T = 10^6 \times 3600 = 3.6 \times 10^9 \text{bit}$

（3）由于每个符号为 2bit，传输符号总数 $N = I/2 = 1.8 \times 10^9$。

其中错误符号个数 $N_e = N_b = 36$，因此

$$P_e = N_e / N = \frac{36}{1.8 \times 10^9} = 2 \times 10^{-8}$$

$$P_b = N_b / I = \frac{36}{3.6 \times 10^9} = 1 \times 10^{-8}$$

本题关键考虑问题（3）。由于每个四进制符号皆编码为 1 个（两位）二进制比特组，因此在该比特组中，只要一位有错，该比特组就有错，它对应的四进制符号就错了。只要错误比特不相邻，则误码率就是误比特率的 2 倍。

通过上述分析不难看出，有效性与可靠性是一对主要矛盾。它们之间有如下关系：有效性↑→速率↑→带宽↑→P_e↑→可靠性↓。

> **思考题**
>
> 1. 何谓码元速率和信息速率？它们之间的关系如何？
> 2. 什么是通信系统的误码率和误信率？两者是否相等？

1.4　数字通信的特点

数字通信已成为当代通信技术的主流。与模拟通信相比，无论在传输质量上还是在技术上都有其显著特点。

1. 优点

（1）抗干扰能力强，可消除噪声积累，因此可中继，可多次复制（再生）。信号在传输过程中必然会受到各种噪声及干扰的影响。在模拟通信系统中，模拟信号在传输过程中随距离的增加幅度不断减小。为保证通信质量，每隔一段距离需对已衰减的信号进行一次放大（增音），但在放大有用信号的同时噪声也被放大，而且随传输距离的增加，噪声积累越来越大，信噪比越来越小，从而影响了长距离通信的质量。而在数字通信系统中，只有当噪声干扰幅度超过某一门限时，才能使脉冲从"有"变"无"，或从"无"变"有"，从而改变原始信号中的信息。但在传输距离不太长，噪声干扰还不足以使数字信号产生误码时，可以利用再生中继器，采用抽样判决的方法消除噪声积累，提高通信质量。数字通信与模拟通信抗干扰性能比较如图 1-5 所示。

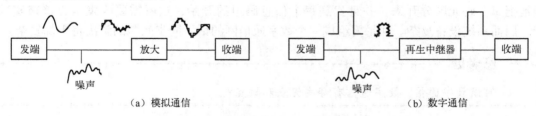

（a）模拟通信　　　　　　　　　　　　（b）数字通信

图 1-5　数字通信与模拟通信抗干扰性能比较

（2）可采用信道编码技术，降低传输误码率。在数字通信系统中，可通过信道编码技术进行检错与纠错，降低误码率，提高传输质量。

（3）便于与各种数字终端接口连接，可用现代计算机技术对数字信号进行处理、变换、存储，形成智能网。在原模拟通信系统中，不同业务种类有各自的特点且信号形式也不统一，因此需要各自专门的通信网来实现，灵活性和经济性都很差。而数字通信可将声音、图

像、数据等不同类型的业务信息数字化，使它们都变成二进制码元，实现信号形式的统一，从而穿插在一起用同一个通信网进行综合处理。由于数字通信中的二进制数字信号与计算机所采用的数字信号完全一致，所以数字通信设备可以很方便地与计算机连接，便于用计算机对数字信号进行存储、处理和交换，可使通信网的管理与维护实现自动化、智能化。

（4）便于加密处理，且保密性好。随着通信的发展，对信息交流的安全性、保密性要求越来越高。数字信号是由"0"、"1"组合的脉冲序列，在解码之前本身具有一定的保密性。为进一步提高其安全性，可以进行加密处理，加密过程方便简单，只需要采用常用的逻辑电路就可实现。例如，设原始信号 a 为 1011010，密码信号 b 为 1100001，加密电路可采用异或门。经模二加运算后输出的已加密信号 c 为 0111011。若不知道密码信号 b 则无法恢复原始信号 a。收端解密电路还是简单的异或门，将加密信号 c 和密码信号 b 进行模二加运算，就可以恢复出原始信号 a，如图 1-6 所示。

图 1-6　数字信号加密

（5）便于集成化，从而使通信设备微型化，降低成本。模拟通信系统为提高通信容量采用频分复用。为防止调制信号间的干扰，需要大量高质量的滤波器等设备，因此造价很高。而数字通信可采用中、大规模甚至超大规模集成电路实现，这样不仅降低了造价，而且还具有体积小、功耗低、重量轻等优点。

2. 缺点

（1）占用频带宽。以电话通信为例，模拟语音的频带为 300～3400Hz，一路模拟电话约占 4kHz 信道带宽。而数字电话以常用的脉冲编码调制系统为例，要接近同样模拟语音质量，它最少要占用 32kHz 信道带宽。不过，随着频带压缩技术的应用和光纤等大容量宽带传输线路的发展，这一缺点将逐步得到克服。

（2）同步技术要求高。在数字通信中，接收方要能正确地解调发送方的信号，就必须正确地把每个码元区分开来，并且找到每个信息码组的开始，这就需要收发双方严格实现同步，因而系统设备复杂。如果要组成一个数字通信网的话，同步问题的解决将更加复杂。

> **思考题**
>
> 何谓数字通信？数字通信有哪些优点和缺点？

1.5　通信技术发展现状与趋势

1.5.1　通信发展简史

如表 1-1 所示，按照时间顺序列出了与通信技术发展相关的一些重大事件，可大致看出通信发展的主要历程。

表 1-1 通信发展重大事件表

年　代	事　件
1820 年	丹麦物理学家奥斯特发现电流磁效应
1831 年	英国法拉第发现电磁感应定律
1837 年	美国科学家莫尔斯（Morse）发明有线电报，发明了莫尔斯电码
1865 年	英国物理学家麦克斯韦（Maxwell）发表电磁场理论
1876 年	贝尔（Bell）利用电磁感应原理发明了电话机
1887 年	德国物理学家赫兹（Hertz）实验证明电磁波的存在
1898 年	意大利科学家马可尼（Marconi）和俄国波波夫发明无线电报
1904 年	英国物理学家弗莱明（Fleming）发明真空二极管
1906 年	美国工程师福雷斯特（Forest）发明真空三极管
1936 年	FM 广播出现；发明黑白电视机
1937 年	英国人里夫斯提出脉冲编码调制理论
1945 年	美国发明第一台计算机 ENIAC
1948 年	肖克莱（Shockley）等人发明了晶体三极管；香农（Shannon）提出了信息论
1950 年	时分多路（TDM）技术出现
1954 年	发明彩色电视机
1958 年	美国发明第一片集成电路（IC）
1960 年	第一颗通信卫星发射；激光器研制成功
1962 年	美国研究成功了脉码调制设备
1966 年	英籍华人高锟提出用石英玻璃可以制成低损耗光纤的设想
1969 年	出现了激光通信；世界第一个计算机网络（ARPANET）诞生
1970—1980 年	大规模集成电路、卫星通信、程控数字交换机、光纤通信等迅速发展
1980—1990 年	超大规模集成电路、移动通信、光纤通信的广泛应用；综合数字网崛起
1990 年以后	卫星通信、光纤通信、移动通信进一步飞速发展；HDTV、GPS 广泛应用

1.5.2　通信的种类

通信系统可以从不同的角度进行分类。

1. 按照通信业务分类

根据不同的通信业务，通信系统可以分为多种类型。

（1）单媒体通信系统（如电话、传真等）。

（2）多媒体通信系统（如电视、可视电话、会议电话、远程教学等）。

（3）实时通信系统（如电话、电视等）。

（4）非实时通信系统（如电报、传真、数据通信等）。

（5）单向传输系统（如广播、电视等）。

（6）交互传输系统（如电话、点播电视 VOD 等）。

（7）窄带通信系统（如电话、电报、低速数据等）。

（8）宽带通信系统（如点播电视、会议电视、远程教学、远程医疗、高速数据等）。

2. 按照传输媒质分类

按照传输媒质分类，通信系统可以分为有线通信系统和无线通信系统。有线通信系统的传输媒质可以是架空明线、电缆和光缆。无线通信系统借助于电磁波在自由空间的传播来传输信号，根据电磁波波长的不同又可以分为中/长波通信、短波通信和微波通信等类型。

3. 按照调制方式分类

根据是否采用调制，通信系统可以分为基带传输和频带传输两大类。基带传输是将未经调制的信号直接在线路上传输，如音频市内电话和数字信号的基带传输等。频带传输是先对信号进行调制后再进行传输。

4. 按照信道中传输的信号分类

按照信道中传输的信号形式不同，通信系统可以分为模拟通信系统和数字通信系统等。利用模拟信号作为载体传递信息的通信方式称为模拟通信。利用数字信号作为载体传递信息的通信方式称为数字通信。

5. 按照信号复用方式分类

按照信号复用方式分为频分复用、时分复用和码分复用。频分复用是用频谱搬移的方法使不同信号占据不同的频率范围；时分复用是使不同信号占据不同的时间间隔；码分复用则是用一组包含互相正交码字的码组携带多路信号。

6. 按照通信者是否运动分类

按照通信者是否运动分为固定通信和移动通信。移动通信是指通信双方至少有一方是在运动中进行信息传递的通信方式。

1.5.3　通信技术发展趋势

通信技术与计算机技术、控制技术、数字信号处理技术等相结合是现代通信技术的典型标志。目前，通信技术的发展趋势可概括为"六化"，即数字化、综合化、融合化、宽带化、智能化和个人化。

1. 通信技术数字化

通信技术数字化是实现其他"五化"的基础。数字通信具有抗干扰能力强、失真不积累、便于纠错、易于加密、适于集成化、利于传输和交换综合化，以及可兼容数字电话、电报、数字和图像等多种信息的传输等优点。与传统的模拟通信相比，数字通信更加通用和灵

活，也为实现通信网的计算机管理创造了条件。数字化是"信息化"的基础，诸如"数字图书馆"、"数字城市"、"数字国家"等都是建立在数字化基础上的信息系统。因此可以说数字化是现代通信技术的基本特性和最突出的发展趋势。

2. 通信业务综合化

现代通信的另一个显著特点就是通信业务的综合化。随着社会的发展，人们对通信业务种类的需求不断增加，早期的电报、电话业务已远远不能满足这种需求。就目前而言，传真、电子邮件、交互式可视图文，以及数据通信的其他各种增值业务等都在迅速发展。若每出现一种业务就建立一个专用的通信网，必然是投资大、效益低，并且各个独立网的资源不能共享。另外，多个网络并存也不便于统一管理。如果把各种通信业务，包括电话业务和非电话业务等以数字方式统一并综合到一个网络中进行传输、交换和处理，就可以克服上述弊端，达到一网多用的目的。

3. 网络互通融合化

以电话网络为代表的电信网络和以因特网为代表的数据网络的互通与融合进程将加快步伐。在数据业务成为主导的情况下，现有电信网的业务将融合到下一代数据网中。IP 数据网与光网络的融合、无线通信与互联网的融合也是未来通信技术的发展趋势和方向。网络和业务的分离将提供良好的开放性，促进业务的竞争和发展。新一代信息网络基础设施功能结构的发展趋势是日益扁平化。简捷化的网络可以减少网络层次，提高网络效能，增强网络的适应力。为了实现网络资源的共享，避免低水平的重复建设，形成适应性广、容易维护、费用低的高速带宽的多媒体基础平台，电信网、计算机网和广播电视网之间的"三网"融合进程正加速推进。三大网络技术上趋向一致，网络层上可以实现互联互通，形成无缝覆盖，业务层上互相渗透和交叉，应用层上趋向使用统一的 IP 协议，在经营上互相竞争、互相合作，朝着向人类提供多样化、多媒体化、个性化服务的同一目标逐渐交汇在一起，行业管制和政策方面也逐渐趋向统一。

4. 通信网络宽带化

通信网络的宽带化是电信网络发展的基本特征、现实要求和必然趋势。为用户提供高速、全方位的信息服务是网络发展的重要目标。近年来，几乎在网络的所有层面（如接入层、边缘层、核心交换层）都在开发高速技术，高速选路与交换、高速光传输、宽带接入技术都取得了重大进展。超高速路由交换、高速互连网关、超高速光传输、高速无线数据通信等新技术已成为新一代信息网络的关键技术。

5. 网络管理智能化

在传统电话网中，交换接续（呼叫处理）与业务提供（业务处理）都是由交换机完成的，凡提供新的业务都需借助于交换系统，但每开辟一种新业务或对某种业务有所修改，都需要对大量的交换机软件进行相应的增加或改动，有时甚至要增加或改动硬件，以致消耗许多人力、物力和时间。网络管理智能化的设计思想，就是将传统电话网中交换机的功能予以分解，让交换机只完成基本的呼叫处理，而把各类业务处理，包括各种新业务的提供、修改以及管理等，交给具有业务控制功能的计算机系统来完成。尤其是采用开放式结构和标准接口结构的灵活性、智能的分布性、对象的个体性、人口的综合性和网络资源利用的有效性等手段，可以解决信息网络在性能、安全、可管理性、可扩展性等方面面临的诸多问题，对通信网络的发展具有重要影响。

6. 通信服务个人化

个人通信是指可以实现任何人在任何地点、任何时间与其他地点的任何个人进行业务通信。个人通信概念的核心，是使通信最终适应个人（而不一定是终端）的移动性。或者说，通信是在人与人之间，而不是终端与终端之间进行的。通信方式的个人化，可以使用户不论何时、何地，不论室内、室外，不论高速移动还是停止，也不论是否使用同一终端或使用怎样的终端，都可以通过一个唯一的个人通信号码，发出或接收呼叫，进行所需的通信。

随着网络体系结构的演变和宽带技术的发展，传统网络将向下一代网络（NGN）演进，并突出显示了以下典型特征：多业务（语音与数据、固定与移动、点到点与广播汇聚等）、宽带化（端到端透明性）、分组化、开放性（控制功能与承载能力分离）、用户接入与业务提供分离、移动性、兼容性（与现有网的互通）、安全性和可管理性（包括 QoS 保证）等。NGN 是以软交换为核心的，能够提供包括语音、数据、视频和多媒体业务的基于分组技术的综合开放的网络架构，代表了通信网络发展的方向。它是电信史的一块里程碑，标志着新一代电信网络时代的到来。

> **思考题**
>
> 结合实际，想想数字通信的发展趋势如何。

实训 1　数字程控交换系统认知

【实训目的】
（1）熟悉数字程控交换系统组成及主要部件作用。
（2）体会数字程控交换系统进行电话通信的过程。
（3）画出数字程控交换系统框图及连线图。

【实训器材】
数字程控交换实训平台。

【实训原理】
（1）数字程控交换实训平台组成。某一典型数字程控交换实训平台网络拓扑图如图 1-7 所示，主要设备有 C&C08 数字程控交换机、网络电源、综合配线机柜、汇集交换机、计算机及电话机。

C&C08 数字程控交换机为各个传输单元侧提供业务电话、信令交换业务。C&C08 提供丰富的用户和网络接口，其中用户侧提供模拟电话（POTS）和数字电话（ISDN）接口，可以接入模拟电话机、数字电话机、传真机和其他数字终端设备。网络侧提供 2MB 数字中继和各种模拟中继，其中数字中继可以支持中国一号、中国七号、PRI、V5 等信令，模拟中继

支持 AT0、E&M 等多种接口。另外，C&C08 也支持各种信令方式连接无线网络平台（如 PHS、PLMN 等），实现有线与无线网络的互联互通。

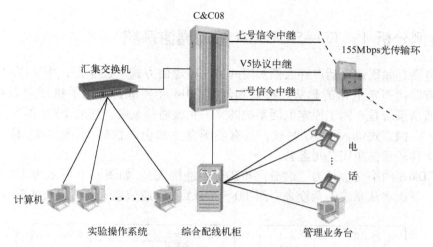

图 1-7　数字程控交换实训平台网络拓扑图

计算机经网线、汇集交换机与程控交换机相连，从而通过系统软件对程控交换机进行实验操作。电话机经电话线、用户配线架与程控交换机相连，从而实现各种电话业务测试。电源为设备提供 −48V 工作电压。

（2）电话通信过程。当我们通过实验操作系统将基本电话业务脚本软件同步到交换机后，则可进行电话业务的拨打测试。主叫摘机后听到拨号音，拨打被叫号码后，交换机如果检测到被叫空闲，将给被叫发送振铃信号，同时向主叫发送回铃音，被叫摘机后，通信链路建立开始通话。通话结束，一方挂机，交换机将向另一方发送挂机音。

【实训内容与要求】

（1）对照设备熟悉数字程控交换实训平台的组成及各部分作用。

（2）根据现场实训环境了解数字程控交换实训平台各设备之间的拓扑关系，并画出各设备连线图。

例如，某数字程控交换实训平台设备安装连线图如图 1-8 所示。

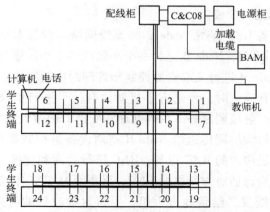

图 1-8　某数字程控交换实训平台设备安装连线图

（3）体会数字程控交换系统进行电话通信的过程，说明该系统和通信系统模型的对应关系。

案例分析 1　TD-SCDMA 移动通信系统

移动电话是除固定电话以外人们常用的另一种通信方式。近年来，手机用户数量增长迅猛，甚至有取代固定电话的趋势。行业预测到 2014 年年底，中国手机用户数量将达到 11 亿。移动通信系统是不同于固定电话系统的又一主流通信系统。随着 2009 年 1 月 7 日 3G 牌照的发放，中国正式进入了 3G 时代，具有我国自主知识产权的 TD-SCDMA 技术制式的 3G 业务由中国移动通信集团公司经营。

TD-SCDMA 的中文含义为"时分同步码分多址接入"。如图 1-9 所示为 TD-SCDMA 系统网络结构。下面将从系统的角度来介绍 TD-SCDMA 移动通信系统的组成及各部分的作用。

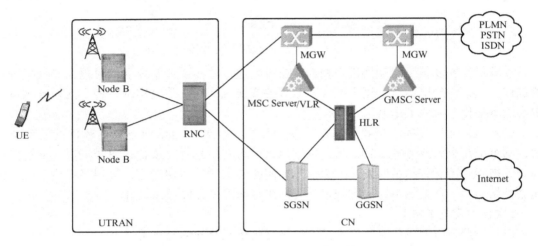

图 1-9　TD-SCDMA 系统网络结构

TD-SCDMA 网络分为无线接入网络（UTRAN）和核心网（CN）两部分。

核心网包括 MSC/VLR、GMSC、SGSN、GGSN、HLR 等设备，核心网从逻辑上可划分为电路交换 CS 域和分组交换 PS 域。

接入网包括用户设备 UE、基站 Node B 和无线网络控制器 RNC。UE 包括移动设备 ME 和 UMTS 用户识别模块 USIM；Node B 是为一个小区或多个小区服务的无线收发信设备；RNC 是具有对一个或多个 Node B 进行无线资源控制和管理的功能实体。

当移动用户进行语音通信时，发送方手机对语音信号进行信源编码、信道编码、交织、数字调制、扩频、加扰、射频调制等一系列处理和变换，通过天线发送出去，由覆盖该用户的基站天线接收，经过射频解调传送给 Node B 室内设备进行数据包转换及复用处理，然后经传输网络传送至移动机房内的 RNC 设备，RNC 进行处理和交换，将数据传送给核心网 CS 域，核心网将数据传送给通话对方所属的 RNC，数据再从 RNC 传至 Node B，最后经处理变换、射频调制由基站天线发送给接收方手机，手机对接收到的射频信号进行射频解调、解扰、解扩、数字解调、解交织、信道解码、信源解码等过程后变成语音被人耳接收。

从上面的叙述可以看出，手机通信的过程实际包含由手机到基站、基站到无线网络控制中心、无线网络控制中心到核心网以及从核心网又回到手机的一系列传输过程。这其中既有有线传输，又有无线传输。以手机和基站之间的信号传输为例，TD-SCDMA系统信号传输的主要处理过程如图1-10所示。手机和基站Node B设备都包含了信源（宿）、信源编（解）码、信道编（解）码、调制（解调）等功能模块，信道则是自由空间，使用对称的频段，目前使用的频段范围是2010～2025MHz。

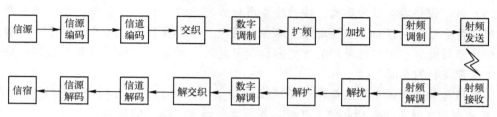

图1-10　TD-SCDMA系统信号传输的主要处理过程

思考题

TD-SCDMA移动通信系统中语音通信的过程是怎样的？

知识梳理与总结1

1. 知识体系

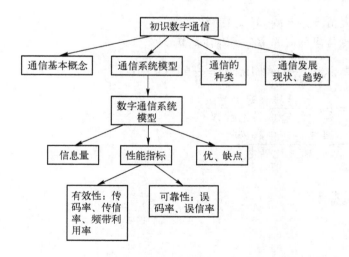

2. 知识要点

（1）通信是信息（或消息）的传输和交换过程。消息是信息的物理表现，信息是消息的内涵。信号是与消息相对应的电量，它是消息的物理载体。根据携载消息的信号参量是连续取值还是离散取值，信号分为模拟信号和数字信号。

（2）数字通信系统主要由信源、信源编码、信道编码、调制、信道、解调、信道解码、信源解码及信宿所组成。

（3）数字通信具有抗干扰能力强，可消除噪声积累；差错可控；数字处理灵活，可以将来自不同信源的信号综合到一起传输；易集成，成本低；保密性好等优点。缺点是占用频带宽、同步要求高。

（4）通信的分类有多种形式。按传输媒质分为有线通信和无线通信；按所传信号分为模拟通信和数字通信；按业务分为电话、电报、图像、传真通信等；按通信者是否运动分为固定通信和移动通信；按信号复用的方式分为频分复用、时分复用和码分复用通信；按调制方式分为基带传输和频带传输。

（5）信息量是对消息发生概率（不确定性）的度量。一个二进制码元含1bit的信息量；一个 M 进制码元含有 $\log_2 M$ bit 的信息量。等概率发送时，信源的熵有最大值。

（6）有效性和可靠性是通信系统的两个主要性能指标。两者相互矛盾而又相对统一，且可互换。数字通信系统中，有效性指标有传码率、传信率及频带利用率；可靠性指标有误码率和误信率。

（7）通信技术的发展趋势可概括为"六化"，即数字化、综合化、融合化、宽带化、智能化和个人化。

3. 重要公式

- 某离散消息 x_i 所含的信息量 $I(x_i) = \log_a \dfrac{1}{P(x_i)} = -\log_a P(x_i)\, \text{bit}$

- 离散信源的熵 $H(x) = -\sum\limits_{i=1}^{M} P(x_i) \log_2 P(x_i)$ 比特/符号

- 信源熵最大值 $H_{\max} = \log_2 M$ 比特/符号

- 传码率与传信率的关系 $R_{bM} = R_{BM} \log_2 M$

- 频带利用率 $\eta_B = \dfrac{R_B}{B}\, \text{Baud/Hz}$，$\eta_b = \dfrac{R_b}{B}\, \text{bit/(s·Hz)}$

- 误码率 $P_e = \lim\limits_{N \to \infty} \dfrac{错误接收码元数\ n}{传输总码元数\ N}$

- 误信率 $P_b = \dfrac{错误接收比特数}{传输总比特数}$

 单元测试1

1. 选择题

（1）某数字传输系统传送八进制码元的传码率为1200Baud，此时该系统的传信率为_____。

    A．1200bit/s   B．4800bit/s   C．3600bit/s   D．9600bit/s

（2）某信号的频率范围从40kHz到4MHz，则该信号的带宽为_____。

A. 36MHz   B. 360kHz   C. 3.96MHz   D. 396kHz

（3）某数字通信系统在1min内传送了360000个四进制码元，则其码元速率为_____。

A. 60Baud   B. 3600Baud   C. 6000Baud   D. 36000Baud

（4）某数字通信系统的码元速率为1200Baud，接收端在半小时内共接收到216个错误码元，则该系统的误码率为_____。

A. 10^{-4} B. 10^{-5} C. 10^{-6} D. 10^{-3}

（5）某数字通信系统传送四进制码元，码元速率为4800Baud，接收端在5min的时间内共接收到288个错误比特，则该系统的误比特率为_____。

A. 10^{-3} B. 10^{-4} C. 10^{-2} D. 10^{-5}

2. 判断题

（1）出现概率越小的消息，其所含的信息量越大。 （ ）
（2）当信源中每种符号独立等概时，其信息熵最大。 （ ）
（3）数字通信系统的有效性和可靠性是两个相互矛盾的指标。 （ ）
（4）数字通信系统的传信率越高，其频带利用率越低。 （ ）
（5）信源编码的目的是为了降低信息冗余度，提高传输有效性。 （ ）

3. 计算题

（1）现有两个数字通信系统，在125ms时间内分别传输了19 440个十六进制码元和二进制码元，求这两个系统的传信率和传码率。

（2）某数字通信系统，其传码率为8.448MBaud，它在5s时间内共出现了2个误码，试求其误码率。

（3）某离散信源由0，1，2，3四个符号组成，它们出现的概率分别是3/8，1/4，1/4，1/8，且每个符号的信息量是独立的，求消息10201023021300120321010032101002310200 2013 120321001202100 的信息量。

模块二

通信信道认知

 教学导航2

教	知识重点	1. 信道的含义和分类。 2. 有线信道的类型和特点。 3. 无线信道的类型和特点。 4. 恒参信道传输特性。 5. 连续信道和无干扰离散信道的容量。
	知识难点	1. 恒参信道和随参信道传输特性。 2. 信道加性噪声类型及特点。 3. 信道容量理解和计算。
	推荐教学方式	1. 通过实用通信网中的信道案例介绍，导出通信信道的理论知识，可多用图片、采用多媒体方式教学，激发学生学习兴趣。 2. 通过实训，使学生了解常用网络传输媒质，掌握其接头制作方法。 3. 通过 HFC 这一新技术进行案例分析，一方面巩固理论知识，将理论与实际进行结合；另一方面让学生了解新技术的发展。
	建议学时	10 学时
学	推荐学习方法	1. 学习时要注重各种信道类型的特点及其应用。 2. 理论学习要注意结合给出的案例来理解。 3. 通过典型例题掌握信息容量的计算方法。 4. 重视实训，掌握常用网络媒质接头制作方法。
	必须掌握的 理论知识	1. 信道的含义和分类。 2. 有线信道的类型和特点。 3. 无线信道的类型和特点。 4. 恒参信道对信号传输的影响。
	必须掌握的技能	1. 会计算连续信道和无干扰离散信道的容量。 2. 会制作 E1 线和网线的接头。

 案例导入 2　固定电话网中的信道

　　固定电话网是最早建立起来的一种通信网。自从 1876 年贝尔发明电话，1891 年史端乔发明自动交换机以来，随着先进通信手段的不断出现，电话网已从一个城市扩展至全球，乃至太空，形成了一个真正的全宇宙电话网。一个电话通信网由传输系统、交换系统、用户系统、信令系统四部分组成。传输系统采用某一种传输手段将各地交换系统连接起来，用户终端通过本地交换机进入网络，构成连通网。

　　如图 2-1 所示为一种适用于小城镇或县局的单局制市话网结构示意图。它采用单星结构，只有一个市话局中心交换机，位于市中心向四面辐射。用户话机通过用户线与中心交换机相连；用户小交换机或市郊小交换机通过中继线接到中心交换机上。长途业务通过长途中继线送到长途电话局送出。火匪警等优先特殊业务由专线与中心交换机相连，天气、查号等一般特殊业务也由专线送出。

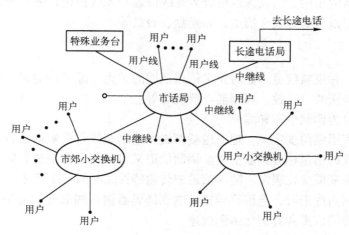

图 2-1　单局制市话网结构示意图

　　从图 2-1 中可以看到，要实现市话通信，除了交换及终端设备外，传输线路也占有很大比重，它是信号的传输媒质，是信息传输的通道，也是狭义的信道。

　　信道是通信网中必不可少的传输条件，固定电话网中的信道从传输媒质的角度来说包含用户线和中继线。通常，用户线采用双绞线，中继线采用同轴电缆或光缆。用户线是用户到交换机之间的传输线路，归电话用户专用。中继线是交换机之间的传输线路，拥有大量的话路被许多用户共享，正在通话的用户只占用其中一个话路，在通话的全部时间里，通话的两个用户始终占用端到端的固定传输带宽。

　　信道类型非常丰富，不同的通信系统，信道可能也各不相同，下面将系统地介绍信道的知识。

思考题

　　固定电话网中的信道使用了哪些传输媒质？

技术解读 2

2.1 信道分类

信道是以传输媒质为基础的信号通道，它可以是有线线路，也可以是无线线路。信号在信道中得以传输，但由于信道特性不完善，信号经信道传输后，往往会发生振幅和相位失真，从而造成波形失真。同时，信道还存在着各种干扰和噪声，减损传输信号。

从大范围来看，信道可以分为狭义信道和广义信道。

1. 狭义信道

狭义信道是指发送端和接收端之间用以传输信号的传输媒质或途径。

根据传输媒质的不同，狭义信道可分为有线信道和无线信道；具有通信信道特性的某些物理存储介质也可以认为是狭义信道，如光盘、磁盘等。

2. 广义信道

广义信道是一种逻辑信道，是对狭义信道范围的扩大，除了传输媒质外，还包括有关转换设备，如馈线与天线、功放、调制器与解调器等。

广义信道可分为调制信道和编码信道。

从研究调制和解调角度定义，把发送端调制器输出和接收端解调器输入之间所有变换装置与传输媒质组成的信道称为调制信道。调制信道又可分为恒参信道和随参信道。恒参信道中传输特性恒定不变或变化缓慢，随参信道中传输特性随时间不断变化。

从编码和解码角度来看，把编码器输出端到译码器输入端部分称为编码信道，编码信道又可分为无记忆编码信道和有记忆编码信道。

调制信道与编码信道如图 2-2 所示。

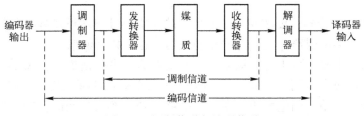

图 2-2 调制信道与编码信道

思考题

狭义信道和广义信道的区别是什么？

2.2 有线信道

有线信道是通信网中最常用的信道，也是最早使用的信道。构成有线信道的传输媒质主

要有明线、双绞线、同轴电缆、光纤等，它们可分别适应不同通信系统的需求。

2.2.1　明线

明线（Aerial Open Wire）是由电杆支持、架设在地面上的一种平行而相互绝缘的裸线通信线路，用于传送电报、电话、传真等。

世界上最早使用的长距离明线线路，是美国华盛顿至巴尔的摩的电报线路，建成于 1844 年，全长 64km。19 世纪 70 年代电话发明以后，明线线路开始用来传送电话。1918 年开始利用明线线路传送载波电话。中国最早开放业务的长距离明线线路是天津和上海之间的电报线路，建成于 1881 年，全长 3075 华里（约 1537.5km）。

明线线路每隔 50m 左右竖立一根电杆，每根电杆一般安装 1 ～ 5 个横担，可架挂 1 ～ 20 余对导线。导线通常采用铜线、铝线或铁线。导线固定在绝缘子（又称隔电子）上。绝缘子一般采用瓷材料或玻璃材料制成，使导线和导线之间以及导线和大地之间保持绝缘。中国使用的导线直径有 2.5mm、3.0mm、4.0mm 等几种。如图 2-3 所示为明线架设示意图。

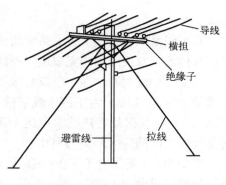

图 2-3　明线架设示意图

同一杆路上的各对导线，由于长距离平行架挂，会因电磁感应产生相互间的串音干扰。每隔一定距离将一对导线的两根线交换挂设位置，可使串音相互抵消，这种措施称为交叉。

明线线路具有如下特点：

（1）设备简单，容易架设和拆除，发生故障时较易修理，初次架设投资较少，但每一电话电路的平均建设投资则高于电缆线路。

（2）与电缆相比，明线传输损耗小。

（3）容易受天气、自然灾害和外界电磁场的影响，对外界噪声干扰较敏感，通信质量不够稳定。

（4）线路容量较小。

（5）通频带在 0.3 ～ 27kHz 之间，传输频带窄，不能传送电视等宽频带和高速数字信号。

因此，明线已逐渐被淘汰，目前仅在通信业务量较小的农村地区采用。

2.2.2　双绞线

双绞线（Twisted-pair）是由两根各自封装在彩色塑料皮内的铜线互相扭绞而成的。扭绞的目的是抵御一部分外界电磁波干扰及降低自身信号的对外干扰，把两根绝缘的铜导线按一定密度互相绞在一起，可以降低信号干扰的程度，每一根导线在传输中辐射的电波会被另一根线上发出的电波抵消。"双绞线"的名字就是由此而来的。

实际使用中，将多对双绞线一起包在一个绝缘电缆套管里形成双绞线电缆，如图2-4所示。典型的双绞线电缆有四对的，也有更多对的。在双绞线电缆内，不同线对具有不同的扭绞长度，一般扭绞长度为38.1mm～14cm，按逆时针方向扭绞。通过相邻线对之间变换的扭绞长度，可使同一电缆内各线对之间干扰最小，相邻线对的扭绞长度在12.7mm以上，一般扭线越密，其抗干扰能力就越强。

图2-4 双绞线电缆

双绞线是综合布线工程中最常用的一种传输媒质，既可用于模拟信号传输，也可用于数字信号传输。双绞线的带宽取决于铜线的粗细和传输距离。用于传输模拟信号时，每隔5～6km需要一个放大器，在一根双绞线上可使用频分多路复用技术实现24路音频通道，每个通道的带宽为4kHz。用于传输数字信号时，每隔2～3km需要一个中继器，数据传输速率可达1.5Mbps，采用特殊技术可达1Gbps甚至更高，但会受传输距离影响。用于局域网时，与集线器之间的最大距离为100m。

EIA/TIA（美国电子工业协会/美国通信工业协会）根据导体性能和扭绞密度对双绞线进行分类，可分为1类、2类、3类、4类、5类、超5类、6类和7类等。常见的有3类、5类、超5类及6类，目前计算机网络综合布线主要使用5类和超5类线。

1类线（CAT-1）：用于传输语音，主要用于20世纪80年代初之前的电话线缆，不用于数据传输。

2类线（CAT-2）：传输带宽为1MHz，用于语音传输和最高传输速率为4Mbps的数据传输，常见于使用4Mbps规范令牌传递协议的旧的令牌网。

3类线（CAT-3）：目前在ANSI（美国国家标准协会）和EIA/TIA568标准中指定的电缆。该电缆的传输带宽为16MHz，用于语音传输及最高传输速率为10Mbps的数据传输，主要用于10Base-T。

4类线（CAT-4）：传输带宽为20MHz，用于语音传输和最高传输速率为16Mbps的数据传输，主要用于基于令牌的局域网和10Base-T/100Base-T。

5类线（CAT-5）：增加了扭绞密度，外套一种高质量的绝缘材料，传输带宽为100MHz，用于语音传输和最高传输速率为100Mbps的数据传输，主要用于100Base-T和10Base-T网络，是最常用的以太网电缆。

超5类线（CAT-5e）：传输衰减小，串扰少，具有更高的衰减与串扰的比值（ACR）和信噪比、更小的时延误差，性能得到很大提高。传输带宽为100MHz，最高传输速率可达1000Mbps，主要用于快速位以太网及千兆位以太网（1Gbps）中。

6类线（CAT-6）：传输带宽为250MHz，传输性能远远高于超5类标准，最适用于传输速率高于1000Mbps的应用，主要用于10Base-T/100Base-T/1000Base-T。

扩展6类线（CAT-6A）：传输频率为500MHz，主要用于10GBase-T。

　　随着网络技术的发展和应用需求的提高，双绞线这种传输介质标准也得到了进一步的发展与提高。从最初的1、2类线，发展到今天最高的7类线，而且据悉这一介质标准还有继续发展的空间。在这些不同的标准中，它们的传输带宽和速率也相应得到了提高，7类线（CAT-7）已达到600MHz，甚至1.2GHz的带宽和10Gbps的传输速率，支持千兆位以太网的传输。

　　根据内部结构不同，双绞线分为非屏蔽型（Unshielded Twisted Pair，UTP）和屏蔽型（Shielded Twisted Pair，STP）两种，其结构如图2-5所示。

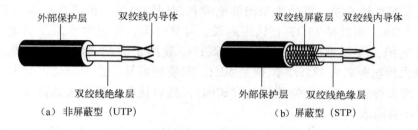

（a）非屏蔽型（UTP）　　　　　　　（b）屏蔽型（STP）

图2-5　双绞线结构

　　UTP对于传输数字信号和语音信号都适用，其优点是成本低，质量轻，易弯曲，易安装，无屏蔽外套，直径小，节省所占用的空间。在企业局域网组建中通常采用非屏蔽双绞线。UTP最早在1881年被用于贝尔发明的电话系统中。1900年，美国的电话线网络也主要由UTP所组成，由电话公司所拥有。

　　STP在双绞线与外层绝缘封套之间有一个金属丝编织而成的屏蔽层。STP价格较UTP高，在线径上也明显粗于UTP的线径，屏蔽层可减少辐射，防止信息被窃听，也可阻止外部电磁干扰的进入，使STP比同类的UTP具有更高的传输速率和更好的抗干扰性能。6类以上双绞线通常建议采用屏蔽双绞线。

　　双绞线一般用于点到点的连线，由于电磁耦合和趋肤效应的影响，线对的传输衰减随着频率的增高而增大，故信道的传输特性呈低通特性。在低频传输时，双绞线抗干扰性能相当于或高于同轴电缆。但频率超过10～100kHz时，同轴电缆性能要明显优越些。

2.2.3　同轴电缆

　　同轴电缆（Coaxial Cable）由内导体、绝缘层、外导体和外部保护层组成，内导体和外导体位于同一轴线上，如图2-6所示。内导体是单股实心或多股绞合的铜质芯线。外导体是

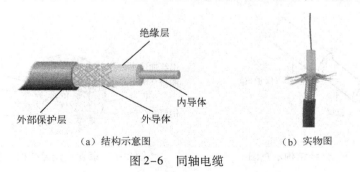

（a）结构示意图　　　　　　　　（b）实物图

图2-6　同轴电缆

网状编织的金属屏蔽层，除传导电流外，还起到屏蔽的作用。由于外导体的作用，外来的电磁干扰被有效地屏蔽了，因此同轴电缆具有很好的抗干扰特性，并且因趋肤效应所引起的功率损失也大大减小。

同轴电缆按用途不同，可分为 50Ω 基带同轴电缆和 75Ω 宽带同轴电缆。基带同轴电缆又称网络同轴电缆，可分细同轴电缆和粗同轴电缆，仅仅用于数字传输，最大距离限制在几千米以内，数据率可达 10Mbps。宽带同轴电缆又称视频同轴电缆，是 CATV 系统中使用的标准，它既可传输频分多路复用的模拟信号，也可传输数字信号，最大距离可达几十千米。

同轴电缆按直径不同，可分为粗同轴电缆和细同轴电缆。粗缆直径为 1.27cm，最大传输距离达到 500m，阻抗是 75Ω；传输距离长、可靠性高，安装时不需要切断电缆，但必须安装收发器电缆，安装难度大，总体造价高；一般用于大型局域网的干线。细缆直径为 0.26cm，最大传输距离为 185m，阻抗是 50Ω；安装较容易、造价较低，但由于安装过程要切断电缆，两头须装上基本网络连接头（BNC），然后接在 T 形连接器两端，所以当接头多时容易产生不良隐患。

同轴电缆传输信号的频率范围为 100kHz ～ 500MHz。同轴电缆的优点是可以在相对长的无中继器的线路上支持高带宽通信，而缺点也显而易见：一是体积大，要占用电缆管道的大量空间；二是不能承受缠结、压力和严重的弯曲，这些都会损坏电缆结构，阻止信号的传输；三是成本高。所有这些缺点正是双绞线能克服的，因此在目前的局域网环境中，基本已被基于双绞线的以太网物理层规范所取代。

2.2.4 光纤

光纤信道是以光导纤维为传输媒质、以光波为载波的信道。光导纤维简称光纤（Optical Fiber），其横截面为圆形，导光部分由纤芯、包层两部分组成，如图 2-7 所示。其中，纤芯为光通路，由玻璃或塑料制成；包层由密度相对较小的玻璃或塑料制成，两者的密度差必须达到能够使纤芯中的光波只能反射回来而不能折射入填充材料的程度。由于光纤的质地脆、机械强度低，实用的光纤外部还有一层保护层。

在进行远距离传输时，将若干对光纤外加填充物质和护套组成光缆使用。光缆的结构有：束管式、带状式、骨架式、层绞式等，还有铠装和非铠装之分。如图 2-8 所示为常见的束管式光缆结构示意图，加强件有时也可在中心，光纤分布在周围。图 2-9 给出了一些光纤光缆实物图以供大家了解。随着生产成本的日益降低，由光纤构成的光缆已成为当前主要传输媒质之一。

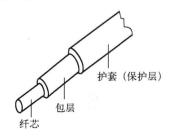

图 2-7　光纤结构示意图

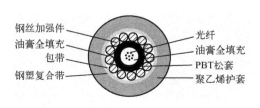

图 2-8　束管式光缆结构示意图

（a）铠装松管型光缆　　（b）非铠装松管型光缆　　（c）层绞式光缆　　（d）单芯光纤跳线

图2-9　光纤光缆

光纤按光在其中的传输模式不同可分为单模光纤（Single Mode Fiber）和多模光纤（Multi Mode Fiber）。单模光纤芯径一般为 9μm 或 10μm，包层外直径为 125μm，只能传输一种模式的光，因其模间色散很小，适用于远程通信，但还存在着材料色散和波导色散，要求光源谱宽要窄，稳定性要好。多模光纤芯径一般为 50μm 或 62.5μm，包层外直径为 125μm，可传输多种模式的光，因其模间色散较大，限制了传输数字信号的速率，且色散随距离的增加会更加严重，适用于近距离通信，一般只有几公里。

光纤按纤芯和包层折射率分布情况可分为阶跃型和渐变型光纤。阶跃型光纤的纤芯折射率和包层折射率都是均匀的，纤芯折射率略高于包层折射率，使得输入的光能在纤芯—包层交界面上不断产生全反射而前进。渐变型光纤的纤芯折射率中心最大，沿纤芯半径方向逐渐减小，包层折射率分布与阶跃型光纤一样是均匀的，可使光波按正弦形式传播。

光纤的工作波长在近红外区内，有短波长 0.85μm、长波长 1.31μm 和 1.55μm 三个低损耗工作窗口。光纤损耗一般是随波长加长而减小的，0.85μm 的损耗为 2.5dB/km，1.31μm 的损耗为 0.35dB/km，1.55μm 的损耗为 0.20dB/km。随着科学技术的发展，这个数字还在下降。光纤的传输距离与波长有关，它的衰减率极低。为了有效地增大传输距离，一般都采用 1.55μm 波长的光纤，同时利用掺铒光纤放大器作为接收机的前置放大器或在光纤中作为中继器，可使光纤的传输距离达到数百千米。

光纤传输的优点有：（1）不受外界电磁波的干扰。因为光纤传输使用的是光波而不是电磁波，所以电磁噪声对它没有影响。（2）信号衰减小，目前的技术可使光纤的损耗低于 0.2dB/km。（3）传输频带宽、通信容量大。（4）线径细、质量轻，不怕腐蚀，代替电缆可节省大量有色金属。

思考题

有线信道有哪些传输媒质？比较说明这些传输媒质的性能特点？

2.3　无线信道

无线信道利用电磁波在空间的传播来传输信号。在不便于架设有线信道或远距离传输的场所，必须采用无线信道。无线信道一般具有频率高、通信容量较大的特点，它是带通型信道，在世界各国的长途通信和国际通信中占有重要地位。微波通信、卫星通信和移动通信的信道均属无线信道。

无线信道根据电磁波的波长和频率范围可分为长波信道、中波信道、短波信道、超短波信道和微波信道。从电磁波的传播模式来看，无线信道可分为地波传播信道、天波传播信道、视距传播信道、无线电视距中继信道、卫星中继信道、对流层散射信道、流星余迹散射信道。

1. 地波传播信道

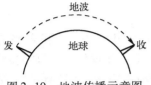

图 2-10　地波传播示意图

地波传播是指频率在约 2MHz 以下的无线电波沿着地球表面的传播，如图 2-10 所示。地波传播主要用于低频及甚低频远距离无线电导航、标准频率和时间信号广播、对潜通信等。

地波传播主要特点是：传播损耗小，作用距离远；受电离层扰动小，传输稳定；有较强的穿透海水和土壤的能力；但大气噪声电平高，工作频带窄。

2. 天波传播信道

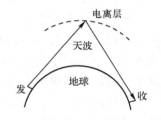

图 2-11　天波传播示意图

天波传播是指频率在 2 ～ 30MHz 的高频电磁波经由电离层反射的一种传播方式，如图 2-11 所示。长波、中波、短波都可以利用天波通信。但短波是电离层反射的最佳波段，电离层一次反射最远距离可以达到 4000km，可利用电离层的多次反射进行远距离通信。

天波传播的主要优点是：传输损耗小、设备简单、可利用较小功率进行远距离通信。但由于电离层是一种随机的、色散及各向异性的有耗媒质，电波在其中传播会产生各种效应，如多径传输、衰落、极化面旋转等，有时还会因电离层骚动和暴变而极不稳定，甚至完全中断通信。近年来，高频自适应通信系统的使用，大大提高了短波通信的可靠性。因此，天波通信仍然是一种重要的通信手段。

3. 视距传播信道

视距传播是指在发射天线和接收天线之间能相互"看见"的距离内，频率高于 30MHz 的电磁波直接从发射点传到接收点的一种传播方式，又称为直射波或空间波传播。这种传播方式不排除地面反射波的存在。

根据收、发天线所处空间位置的不同，视距传播大致可分为三种类型：（1）地面上的视距传播，如中继通信、电视、广播及地面移动通信等。（2）地面与空中目标之间的视距传播，如飞机、飞艇、通信卫星。（3）空间飞行体之间的视距传播，如飞机间、宇宙飞行器间的电波传播等。

图 2-12　视距传播示意图

无论地面视距传播或地对空视距传播，其传播途径至少有一部分是在对流层中，必然要受到对流层这一传输媒质的影响。因此，当电波在低空大气层中传播时，还可能受到地球表面自然或人为障碍物的影响，引起电波的反射、散射或绕射现象。如图 2-12 所示为地面上视距传播的示意图。接收点除了空间直射波外，还会收到地面或其他障碍物的反射波。地面移动通信就属于这种传播方式。

4. 无线电视距中继信道

无线电视距中继通信工作在超短波和微波波段，利用定向天线实现视距直线传播。由于直线视距一般在 40 ～ 50km，因此需要中继方式实现远距离通信，如图 2-13 所示。相邻中继站相距 40 ～ 50km。由于中继站间采用定向天线实现点对点传输，并且距离较近，因此，传播条件较稳定。

这种系统具有传输容量大、发射功率小、通信可靠稳定等特点。

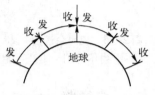

图 2-13　无线电视距中继通信示意图

5. 卫星中继信道

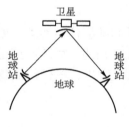

图 2-14　卫星中继通信示意图

卫星信道利用人造地球卫星作为中继站转发无线电信号实现地球站之间的通信，如图 2-14 所示。当卫星的运行轨道在赤道上空，距地面 35 860km 时，其绕地球一周的运行时间为 24h，在地球上看上去卫星是相对静止的，称为静止或同步卫星。利用它作为中继站可以实现地球上 18 000km 范围内的多点通信。利用三颗适当配置的同步卫星可以实现全球（南北极盲区除外）通信。同步卫星通信的电磁波为直线传播，大部分在真空状态的自由空间传播，传播特性稳定可靠、传输距离远、容量大、覆盖地域广，广泛用于传输多路电话、电报、图像、数据和电视节目。

近年发展起来的中、低轨道卫星移动通信通常利用多颗卫星组成的星座实现全球通信。由于卫星距地球较近，且相对于地球处于高速运动状态，传播条件相对要复杂一些。因卫星通信需要的发射功率大、传输时延长、建设费用高等因素，人们正研究用位于平流层的高空平台电台（HAPS）代替卫星作为基站转发信号。平台高度距地面 17 ～ 22km，可以用充氦飞艇、气球或飞机作为安置转发站的平台，覆盖全球 90% 以上人口的地区，需要在平流层安置 250 个充氦飞艇。

6. 对流层散射信道

对流层散射传播如图 2-15 所示，图中发射天线射束与接收天线射束相交于对流层上层，两波束相交的空间为有效散射区域。

对流层散射通信频率范围主要在 100MHz ～ 4GHz，可以达到的有效散射传播距离最大约 600km。对流层散射是由大气的不均匀性产生的，而且电磁波散射现象具有较强的方向性，散射能量主要集中于前方，故称"前向散射"。

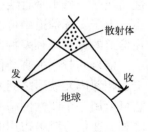

图 2-15　对流层散射通信示意图

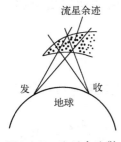

图 2-16　流星余迹散射示意图

7. 流星余迹散射信道

流星余迹散射是由于流星经过大气层时产生很强的电离余迹使电磁波散射的现象，如图 2-16 所示。

流星余迹高度约 80 ～ 120km，余迹长度约 15 ～ 40km，散射频率范围为 30 ～ 100MHz，传播距离达 1000km 以上。一条余迹的存留时间在零点几秒到几分钟之间，但空中随时都有大量肉眼看不见的流星余迹存在，能随时保证信号断续地通信。所以流星余迹散射通信只能用于低速存储和高速突发的断续方式传输数据。

+···· 思考题 ···
电磁波的传输方式主要分哪几种？它们分别对应什么频段的信号？
···+

2.4　信道传输特性

在 2.1 节中讲到，从广义信道来看，调制信道可以分为恒参信道和随参信道两类。恒参信道的主要传输特性通常可以用其振幅—频率特性和相位—频率特性来描述。而随参信道则主要具有对信号的传输衰减随时间而变化、信号传输的时延随时间而变化、多径传播三个特性。

2.4.1　恒参信道传输特性

在前面讨论的信道类型中，各种有线信道和部分无线信道，其中包括卫星链路和某些视距传输链路，都可以看做恒参信道。它们具有如下一些传输特性，且特性随时间变化小。

1. 振幅—频率特性

振幅—频率特性简称幅频特性。无失真传输要求幅频特性与频率无关，即理想的幅频特性曲线是一条水平直线，如图 2-17 所示。

由于实际信道中可能存在各种滤波器、混合线圈、串联电容、分路电感等惰性元件，往往信道的振幅—频率特性是不理想的，则信号会发生失真，称之为频率失真。

信号的频率失真会使信号的波形产生振幅—频率畸变。在传输数字信号时，波形畸变可引起相邻码元波形之间发生部分重叠，造成码间串扰。由于这种失真是一种线性失真，所以它可以用一个线性网络采用均衡技术进行补偿。若此线性网络的幅频特性与信道的幅频特性之和，在信号频谱占用的频带内，为一条水平直线，则此均衡补偿网络就能够完全抵消信道产生的振幅—频率失真。如图 2-18 所示为一典型音频电话信道总幅度衰耗—频率特性曲线，损耗是便于测量的实用参量，当频率变化时，幅度衰耗也随之而变。

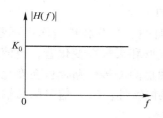

图 2-17 理想信道幅频特性

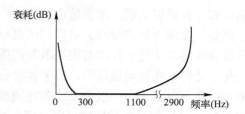

图 2-18 典型音频电话信道总幅度衰耗—频率特性

2. 相位—频率特性

相位—频率特性简称相频特性。理想的相频特性是一条通过原点的直线，或者其传输群时延与频率无关，等于常数，如图 2-19 所示。

通常用群时延和频率的关系表示相位—频率特性。图 2-20 所示为某一典型实际电话信道群时延—频率特性曲线。

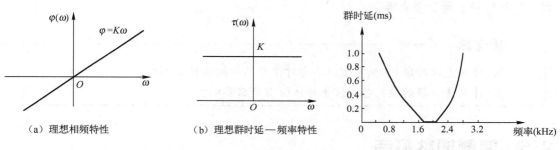

（a）理想相频特性　　（b）理想群时延—频率特性

图 2-19 理想相频特性及群时延—频率特性　　　图 2-20 实际电话信道群时延—频率特性

信道的相位特性不理想将使信号产生相位失真。在模拟话音信道中，相位失真对通话的影响不大，因为人耳对于声音波形的相位失真不敏感。但是，相位失真对于数字信号的传输则影响很大，因为它也会引起码间串扰，使误码率增大。相位失真也是一种线性失真，所以也可以用一个线性网络进行补偿。

3. 其他特性

除了幅频特性和相频特性外，恒参信道中还可能存在其他一些使信号产生失真的因素，如非线性失真、频率偏移和相位抖动等。非线性失真主要是由信道中的元器件特性不理想造成的，指信道输入和输出信号的振幅关系不是直线关系，非线性特性将使信号产生新的谐波分量，造成谐波失真。频率偏移主要是由发送端和接收端中用于调制解调或频率变换的振荡器的频率误差引起的，它是指信道输入信号的频谱经过信道传输后产生了平移。相位抖动也是由这些振荡器的频率不稳定产生的，结果是对信号产生附加调制。由于以上这些因素产生的信号失真一旦出现，就很难消除掉。

2.4.2 随参信道传输特性

随参信道一般是无线信道，例如，依靠天波传播和地波传播的无线电信道、某些视距传输信道和各种散射信道。随参信道的传输特性是"时变"的。

例如，在用天波传播时，电离层的高度和离子浓度随时间、季节和年份而在不断变化，使信道特性随之变化；在用对流层散射传播时，大气层随气候和天气在变化着，也使信道特性变化。此外，在移动通信中，由于移动台在运动，收发两点间的传输路径也在变化，使得信道参量在不断变化。一般说来，各种随参信道具有以下共同特性：（1）信号的传输衰减随时间而变；（2）信号的传输时延随时间而变；（3）多径传播。

多径传播是指信号经过几条路径到达接收端，而且每条路径的长度（时延）和衰减都随时间而变的现象。多径传播对信号传输质量的影响很大，这种影响称之为多径效应。

信号包络因传播有了起伏的现象称为衰落。多径传播使信号包络产生的起伏虽然比信号的周期缓慢，但是仍然可能是在秒或秒以下的数量级，衰落的周期常能和数字信号的一个码元周期相比较，故通常将由多径效应引起的衰落称为快衰落。

即使没有多径效应，仅有一条无线电路径传播时，由于路径上季节、日夜、天气等的变化，也会使信号产生衰落现象。这种衰落的起伏周期可能较长，甚至以若干天或若干小时计，故称这种衰落为慢衰落。

思考题

1. 什么是群时延 — 频率特性？它对信号的传输有什么影响？
2. 什么是多径效应？它对信号的传输有什么影响？

2.5　信道加性噪声

在通信系统中，总会存在一些不需要但不可能完全避免的信号，这类信号随机变化，对正常通信起干扰作用，我们称之为噪声。噪声可以理解为通信系统中对信号有影响的所有干扰的集合，有加性噪声和乘性噪声之分。加性噪声以相加方式对信号进行干扰，没有传输信号时依然存在；乘性噪声以相乘方式对信号进行干扰，伴随信号的存在而存在，信号消失则干扰消失。噪声对信号的干扰体现为使模拟信号失真、数字信号发生误码，并限制信号的传输速率。

2.5.1　噪声分类

1. 按来源分类

按照来源分类，噪声可分为外部噪声和内部噪声。

（1）外部噪声。外部噪声由信道引入，又可分为自然噪声和人为噪声。

① 自然噪声。自然噪声是自然界存在的各种电磁波源，包括宇宙噪声、大气噪声等。

宇宙噪声是指来自宇宙空间各种天体的电磁辐射。太阳就是一个强大的、具有很宽频谱的辐射源。例如，在接收卫星信号时，太阳噪声就是严重的噪声问题。

大气噪声是指大气中各种电扰动所产生的干扰。例如，打雷时收音机会发出较大的"喀

啦"声，即为雷电引起的干扰造成的噪声。

② 人为噪声。人为噪声由人类的活动产生，主要来自各种电台干扰和工业干扰等。这类噪声可以通过采取一些措施加以消除或减小，如采用适当的屏蔽、滤波措施等。

电台干扰是指接收机在接收某一电台信号时能收到其他电台所发出的信号。这类噪声的频率范围很宽广，从甚低频到特高频都可能有这种干扰存在，并且这种干扰的强度有时会很大。但它有个特点就是其干扰频率是固定的，因此可以预先防止。

工业噪声主要来源于各种电气设备。例如，在收听广播时，如果开启电灯开关，便可听到扬声器发出"喀啦"声。又如，当收看电视节目时，附近有人使用电钻，荧光屏上便会出现雪花。这类干扰来源分布很广泛，尤其是在现代化社会里，越来越多的各种电气设备成为新的干扰源。

（2）内部噪声。内部噪声是通信系统设备内部产生的各种噪声，如热噪声、散弹噪声等。

① 热噪声。热噪声是指导体中电子受热随机运动所产生的一种噪声。电阻两端所产生热噪声电压的均方根值为

$$V_{\mathrm{N}} = \sqrt{4kTBR} \qquad (2\text{-}1)$$

式中，B 为噪声功率带宽，以 Hz 为单位；k 为玻耳兹曼常数，$k = 1.38 \times 10^{-23}$ J/K；T 为以 K 为单位的热力学温度；R 为以 Ω 为单位的电阻。

② 散弹噪声。散弹噪声是由电子器件中电流的离散性质所引起的。散弹噪声通常用电流源表示，真空电子管和结型二极管的噪声电流都可用下面式子表示。

$$I_{\mathrm{N}} = \sqrt{2qI_0B} \qquad (2\text{-}2)$$

式中，$q = 1.6 \times 10^{-19}$ 库仑；I_0 为直流偏置电流；B 为噪声带宽。

2. 按性质分类

噪声按照性质分类，可分为窄带噪声、脉冲噪声和起伏噪声。

（1）窄带噪声。窄带噪声是占有频率很窄的连续波噪声，只存在于特定频率、特定时间和特定地点，如其他电台信号，所以它的影响是有限的，可以测量、防止。

（2）脉冲噪声。脉冲噪声是突发性地产生幅度很大、持续时间很短、间隔时间很长的干扰，如闪电、电火花等，其特点是突发性、持续时间短、出现频率低、所占频谱宽但随频率升高能量降低。因其不是普遍地、持续地存在，故对话音通信的影响较小，但对数字通信可能有较大影响。

（3）起伏噪声。起伏噪声是以热噪声、散弹噪声和宇宙噪声为代表的噪声，其特点是无论在时域还是频域内它们都是普遍存在和不可避免的，是影响通信质量的主要因素之一。

2.5.2　主要噪声

1. 白噪声

在讨论噪声对于通信系统的影响时，主要考虑起伏噪声，特别是热噪声的影响。由于在一般通信系统的工作频率范围内热噪声的频谱是均匀分布的，就好像白光的频谱在可见光的

频谱范围内均匀分布那样，所以热噪声常被称为"白噪声"。

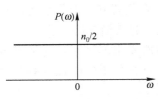

图 2-21　白噪声的功率谱密度

所谓白噪声是指它的功率谱密度函数 $P(\omega)$ 在整个频率域（ $-\infty < \omega < +\infty$ ）内都是常数，即服从均匀分布，如图 2-21 所示。实际上，完全理想的白噪声是不存在的，通常只要噪声功率谱密度函数均匀分布的频率范围超过通信系统工作频率范围很多时，就可近似认为是白噪声。例如，热噪声的频率可高至 10^{13} Hz，且功率谱密度函数在 $0 \sim 10^{13}$ Hz 内基本均匀分布，因此可将它看做白噪声。理想白噪声的双边功率谱密度可以表示为

$$P_n(\omega) = \frac{n_0}{2} \qquad (-\infty < \omega < +\infty) \qquad (2-3)$$

式中，n_0 为单边功率谱密度，单位为瓦/赫（W/Hz）。

2. 高斯噪声

在实际通信系统中，另一种常见的噪声是高斯噪声。所谓高斯噪声是指它的概率密度函数服从高斯分布（即正态分布）的一类噪声，可用数学式表示如下：

$$p(x) = \frac{1}{\sqrt{2\pi}\sigma} \exp\left[-\frac{(x-a)^2}{2\sigma^2} \right] \qquad (2-4)$$

式中，a 为噪声的数学期望值，即均值；σ^2 为噪声的方差；$\exp(x)$ 是以 e 为底的指数函数。

正态概率分布函数经常表示成与误差函数相联系的形式。误差函数的定义式为

$$\mathrm{erf}(x) = \frac{2}{\sqrt{\pi}} \int_0^x \mathrm{e}^{-z^2} \mathrm{d}z \qquad (2-5)$$

余误差函数的定义式为

$$\mathrm{erfc}(x) = 1 - \mathrm{erf}(x) = \frac{2}{\sqrt{\pi}} \int_x^\infty \mathrm{e}^{-z^2} \mathrm{d}z \qquad (2-6)$$

式（2-5）和式（2-6）是在讨论通信系统抗噪声性能时常用到的基本公式。

高斯过程在通信领域中有着极为重要的意义。因为根据概率论的中心极限定理，大量相互独立的、均匀的微小随机变量的总和趋于服从高斯分布，对于随机过程也是如此。前面所讲到的作为通信系统内主要噪声来源的热噪声和散弹噪声，它们都可以看成是无数独立的微小电流脉冲的叠加，所以它们是服从高斯分布的，因而是高斯过程，通常就把它们叫做高斯噪声。

3. 高斯白噪声

高斯噪声和白噪声是从不同角度来定义的：白噪声是就其功率谱密度为均匀分布而言的，而不论它服从什么样的概率分布；高斯噪声则是指它的统计特性服从高斯分布，并不涉及其功率谱密度的形状。一般地，把既服从高斯分布而功率谱密度又是均匀分布的噪声称为高斯白噪声。热噪声和散弹噪声就是高斯白噪声。

在通信系统理论分析中，特别是在分析计算通信系统的抗噪声性能时，经常假定系统信道中的噪声为高斯白噪声。其原因：①高斯白噪声可用具体表达式表示，便于分析计算；②高斯白噪声确实也反映了具体信道中的噪声情况，比较真实地代表了信道噪声的特性。

4. 窄带高斯噪声

严格地说，通信系统中存在的噪声都是随机过程，很难用一个具体数学表达式表述。要详细了解噪声的特性，必须严格按随机过程的分析方法来研究噪声。当高斯白噪声通过以 ω_c 为中心角频率的窄带系统时，就可形成窄带高斯噪声。所谓窄带系统是指系统的频带宽度 B 比起中心频率来小很多的通信系统，即 $B \ll f_c = \omega_c/2\pi$ 的系统。这是符合大多数信道的实际情况的，信号通过窄带系统后就形成窄带信号，它的特点是频谱局限在 $\pm\omega_c$ 附近很窄的频率范围内，其包络和相位都在做缓慢随机变化。因此，随机噪声通过窄带系统后，可表示为

$$n(t) = A(t)\cos\left[\omega_c t + \varphi(t)\right] \tag{2-7}$$

式中，$\varphi(t)$ 为噪声的随机相位；$A(t)$ 为噪声的随机包络。

> **思考题**
>
> 1. 信道中的噪声有哪几种？热噪声是如何产生的？
> 2. 什么是窄带高斯噪声？

2.6 信道容量

信道容量是指在单位时间内信道上所能传输的最大平均信息速率。信道有连续信道和离散信道之分，所以信道容量的描述方法也不同。

2.6.1 连续信道容量

连续信道是传输连续消息的信道，其信道容量由香农公式给出，它是信息论的基本定理，揭示了信道传输信息的能力。

假设信道的带宽为 $B(\text{Hz})$，信道输出的信号功率为 $S(\text{W})$，输出的加性高斯白噪声功率为 $N(\text{W})$，则可以证明该信道的最大可能信息速率，即信道容量为

$$C = B\log_2\left(1 + \frac{S}{N}\right)\text{bps} \tag{2-8}$$

式（2-8）为香农公式，S/N 为信噪比，通常把信噪比表示成 $10\lg(S/N)$ 分贝（dB）。由香农公式可以得出以下结论：

（1）若能提高信噪比 S/N，就可以增大信道容量。

（2）当噪声功率 $N \to 0$ 时，即信道中无加性噪声存在，则 $C \to \infty$。说明无干扰信道的信道容量为无穷大。从实用意义上讲，并不需要有无穷大的传输速率，但这个结果表明，若无信道噪声存在，无差错通信将很容易实现，而且信息速率可不受限制。因此，减少人为的噪声因素是可靠通信的一个重要因素。

（3）当信号功率 $S \to \infty$ 时，$C \to \infty$。说明当允许信号功率不受限时，信道容量可达无穷大。

（4）当信道带宽 $B \to \infty$ 时，因 $N = n_0 B$，$C \to 1.44 (S/n_0)$（n_0 为噪声单边功率谱密度），

即信道带宽即使无限增大，信道容量仍然是有限的。

（5）当信道容量一定时，信道带宽与信噪比之间可以互换。

【实例2-1】 电话信道的带宽为3kHz，信噪比为30dB。试计算其信道容量。

解：因为$10\lg(S/N)=30$dB，则$S/N=1000$，

所以信道容量为 $C=B\log_2(1+S/N)=3000\times\log_2(1+1000)=29.9\times10^3$bps

2.6.2 离散信道容量

离散信道是传输离散消息的信道，其信道容量有两种不同的度量单位：一种是用每个符号能够传输的平均信息量最大值表示信道容量；另一种是用单位时间内能够传输的平均信息量最大值表示信道容量。这两种表示方法在实质上是一样的，可以根据需要选用，还可以互相转换。

按照奈奎斯特准则，一个基带传输系统若带宽为B，则所能传送信号的最高码元速率为$2B$。因此，一个离散、无噪声数字信道的信道容量C可表示为

$$C=2B\log_2 M\text{bps} \tag{2-9}$$

式中，M为码元符号所能取的离散值个数，即M进制。

实际信道都是存在噪声的，当噪声存在时，传送将出现差错，从而造成信息的损失和信道容量的降低。其信道容量可定义为

$$C=\max_{P(x)}[H(x)-H(x/y)] \quad \text{bit/符号} \tag{2-10}$$

或 $$C=\max_{P(x)}\{r[H(x)-H(x/y)]\} \quad \text{bps} \tag{2-11}$$

式（2-10）和式（2-11）中，$H(x)$是信源熵，表示发送符号的信息量；$H(x/y)$表示传输错误率引起的损失；$P(x)$表示信源发送符号的概率；r表示单位时间内信道传输的符号数。

【实例2-2】 设信道带宽为3000Hz，采用四进制传输，计算无噪声时信道容量。

解：因为$B=3000$Hz，$M=4$，则信道容量为

$$C=2B\log_2 M=2\times3000\times\log_2 4=1.2\times10^4\text{bps}$$

┌─ **思考题** ─────────────────────────────────┐

信道容量的定义是什么？连续信道容量大小与那些参量有关？

└───┘

 ## 实训2 E1线、网线接头制作

【实训目的】

（1）熟悉E1线、网线的结构组成。

（2）掌握E1线的接头制作方法。

（3）掌握网线的接头制作方法。

【实训器材】

同轴电缆、双绞线、中继头、水晶头、网线钳、网线测试仪、剥线钳、压线钳、烙铁、

剪刀、万用表。

【实训原理】

目前常见的网络传输媒质有：双绞线、同轴电缆、光纤等，这些传输媒质我们已经在前面做了介绍。大家在日常生活中可能还会听到 E1 线、网线等名词，这又是什么含义呢？E1 线、网线是通信网络综合布线中经常遇到的传输线路，是根据用途或特征来命名的。E1 常用传输媒质是同轴电缆，是传输速率为 2048Kbps 的中继线。网线常用传输媒质是双绞线，根据使用双绞线类别不同，可以达到不同的传输速率。下面介绍 E1 线和网线接头制作方法。

1. E1 线接头制作流程

（1）工具与材料准备。工具主要有剥线钳、压线钳、烙铁、剪刀、万用表，如图 2-22 所示。材料有同轴电缆、中继头。中继头主要有 SMA、SMB、BNC 三种，如图 2-23 所示。

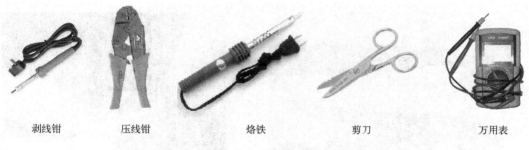

剥线钳　　　　压线钳　　　　　　烙铁　　　　　　剪刀　　　　　万用表

图 2-22　E1 线接头工具

（2）穿线。将中继头拆开，然后将同轴电缆依次穿入护套和小套管，如图 2-24 所示。

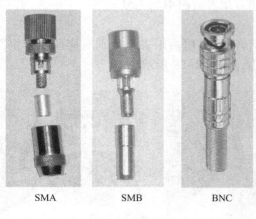

SMA　　　　　SMB　　　　　BNC

图 2-23　中继头

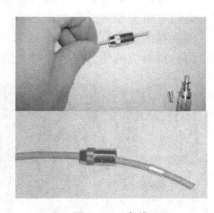

图 2-24　穿线

（3）剥线。剥线时不能太长也不能太短，外皮剥去 8 ～ 10mm，内芯剥去 3 ～ 4mm。剪去多余的屏蔽层，剪除屏蔽层时应保留一部分，一般以中继线内部绝缘层 2/3 为宜，如图 2-25 所示。

数字通信技术及应用

（4）焊接。将剥好的线插入中继头进行焊接，焊接完成后应保证无虚焊，焊接点焊锡饱满，如图 2-26 所示。

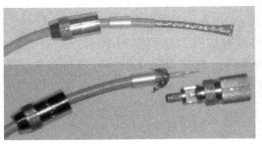

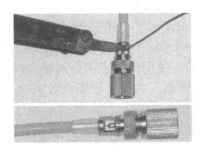

图 2-25　剥线　　　　　　　　　　　　　　　　　图 2-26　焊接

（5）压制中继头。选用压线钳上合适的孔，压制中继头，如图 2-27 所示。

（6）拧头。压制完成后，将护套拧紧，如图 2-28 所示。

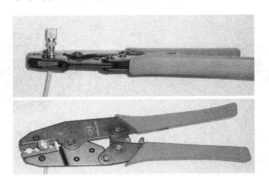
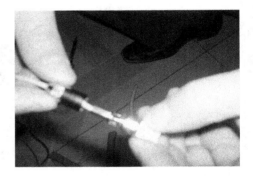

图 2-27　压制中继头　　　　　　　　　　　　　图 2-28　拧头

（7）测试。所有工作完成后进行测试，用万用表的两根表笔分别对应中继头的内芯和外皮，此时电阻应趋向无穷大。

按同样的方法再制作中继线另一端接头，完成后用两根表笔分别对应两个中继头的内芯，再分别对应两端外皮，此时电阻都应较小，如图 2-29 所示。

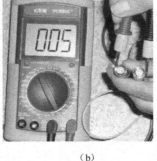
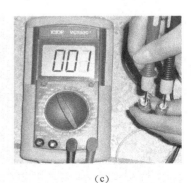

（a）　　　　　　　　　　　　（b）　　　　　　　　　　　　（c）

图 2-29　测试

2. 网线接头制作

（1）网线制作标准。网线制作标准即网线的排列顺序，现行的接线标准有 T568A 和 T568B 标准，用得较多的是 T568B 标准。这两种标准本质上并无区别，只是线的排列顺序不同而已。T568A 是在 T568B 的基础上，把 1 和 3、2 和 6 的顺序对换。T568B 标准线序按 1 ～ 8 针脚为白橙、橙、白绿、蓝、白蓝、绿、白棕、棕，如图 2-30 所示。

（2）网线的制作流程。

① 工具与材料准备。工具主要有网线钳、网线测试仪。材料有双绞线、水晶头。常见的水晶头主要有两种：一种是 RJ—45 型水晶头，一种是 RJ—11 型水晶头。前者用于网线制作，后者多用于电话线制作，如图 2-31 所示。

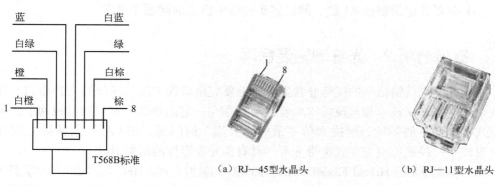

图 2-30　网线 T568B 标准线序　　　　　　　　（a）RJ—45型水晶头　　　　（b）RJ—11型水晶头

图 2-31　水晶头

② 剪线。利用网线钳的剪线刀口剪取适当长度的网线，至少 0.6m，最多不超过 100m。

③ 剥线。利用网线钳的剥线刀口将塑料外皮剥去适当长度，一般剥 2 ～ 3cm。

④ 排线。剥除外皮后即可见到双绞线网线的 4 对 8 条芯线，并且可以看到每对的颜色都不同。每对缠绕的两根芯线由一种染有颜色的芯线加上一条只染有少许相应颜色的白色相间的芯线组成。四条全色芯线的颜色为：棕色、橙色、绿色、蓝色。每对线都是相互缠绕在一起的，制作网线时必须将 4 个线对的 8 条细导线一一拆开，理顺然后按照规定的线序排列整齐。

⑤ 整线。把线尽量押直、挤紧理顺，然后用压线钳把线头剪平齐。这样，在双绞线插入水晶头后，每条线都能良好接触水晶头中的插针，避免接触不良。如果以前剥的外皮过长，可以在这里将过长的细线剪短。如果该段留得过长，一来会由于线对不再互绞而增加串扰，二来会由于水晶头不能压住护套而可能导致电缆从水晶头中脱出，造成线路的接触不良甚至中断。

⑥ 插线。用力将 8 条导线同时沿 RJ—45 头内的 8 个线槽插入，一直插到线槽的顶端。

⑦ 压制水晶头。确认所有导线都到位，线序无误后，就可以用压线钳压制 RJ—45 头了，将突出在外面的针脚全部压入水晶头内。这样就完成了网线一端的制作。

⑧ 测试。在将水晶头的两端都做好后即可用网线测试仪进行测试，如果测试仪上 8 个指示灯都依次闪过，证明网线制作成功。

如果其中有任何一个灯没有亮，都证明存在断路或者接触不良现象。此时最好先对两端

水晶头再用网线钳压一次，再测。

如果故障依旧，再检查一下两端芯线的排列顺序是否一样，如果不一样，剪掉一端重新按另一端芯线排列顺序制作水晶头。

如果还是故障依旧，则表明其中肯定存在对应芯线接触不好，要先剪掉一端，再按另一端芯线顺序重做一个水晶头了，再测。

如果故障消失，则不必重做另一端水晶头，否则还得把原来的另一端水晶头也剪掉重做。直到测试指示灯全闪过为止。

【实训内容与要求】

（1）按照 E1 线接头制作流程完成 E1 线接头的制作，并进行测试。

（2）按照网线接头制作流程和线序规范完成网线接头的制作，并进行测试。

（3）分析并记录制作 E1 线、网线接头过程中出现的问题和原因。

案例分析 2　光纤同轴混合网

利用光纤来传输信号的优势非常显著，但要完全取代电缆将光纤接入到路边、接入到户实现全光网络，从技术和建设成本来看，还是存在一定困难的。在广播电视网中，为了适应交互式宽带业务的传输，解决通信"最后一公里"的问题，在 CATV 网基础上进行结构改造，形成了一种能提供交互式宽带业务、具有良好兼容性的网络 HFC。

HFC 英文全称是 Hybrid Fiber-Coaxial，即光纤同轴混合网。HFC 把同轴电缆和光缆两种有线信道传输媒质结合应用，通常由光纤干线、同轴电缆支线和用户配线网络三部分组成。例如，从有线电视台出来的节目信号先变成光信号在干线上传输，到用户区域后把光信号转换成电信号，经分配器分配后通过同轴电缆送到用户。与传统的 CATV 网络相比，HFC 网络拓扑结构有如下特点：①光纤干线采用星形或环形结构。②支线和配线网络的同轴电缆部分采用树形或总线式结构。③整个网络按照光节点划分成一个服务区。这种网络结构可满足为用户提供多种业务服务的要求。

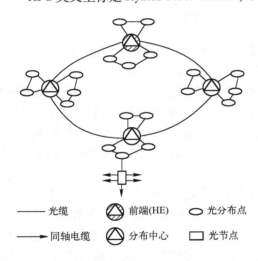

——— 光缆	◬ 前端(HE)
→ 同轴电缆	◬ 分布中心

◯ 光分布点
▢ 光节点

图 2-32　星/树形结构 HFC 网

如图 2-32 所示为一种 HFC 网星/树形三层分布式结构，从上到下分为分布中心、光分布点和光节点三层。

最高层为分布中心，其数目视城市规模而定，功能是业务服务和信息交换。每个分布中心包括模拟和数字广播、通信设备（ATM 交换）、频分复用/解复用器、调制解调器、用户权鉴定和目录服务等设施。其中一个分布中心设置有宽带控制器，负责整个网络管理和连接其他网，称为前端（HE）。各个分布中心用 SDH 环互连起来。

第二层是由分别连接到分布中心的数个光分布点构成的变形星，用以过渡连接，简化网络拓扑，这样减少了光节点至分布中心的链路数。

下层是由分别连接到光分布点的数十个光节点构成的星形结构，其功能是将分布中心送来的光信号进行光电转换、电信号的复用/解复用和调制/解调处理，并经路由选择送到用户终端。同时由于光节点利用数字调制/解调和频分复用/解复用技术来传送电话、数据、数字电视等多种业务，故光节点也控制着频带资源的分配；因为用户共享传输介质同轴电缆，所以光节点要负责实现和管理上行通道上的竞争协议；以及提供用户电话机的供电。光节点至用户终端间的连接，构成同轴电缆树形网络结构，形成一个服务区，服务数百个用户。为了提高服务质量，增加可靠性，以后的发展是大结构小服务区，因而服务区的用户数会降至100 个左右，乃至更少。用户端经由用户终端设备，将用户接入到 HFC 网中。用户终端设备包括用户网络接口（UNI），机顶盒（STB）和电缆调制解调器（CM）。

信道除了从物理媒质上进行划分外，在通信中更多的是在频率、时间上进行划分。例如，HFC 网的传输带宽接近 1GHz，带宽资源非常丰富，为了更有效地利用信道资源，就将带宽划分成许多频段，不同频段用来传输不同业务，即频分复用；对于同一频段还可以进行时隙的划分，即时分复用。

HFC 网最终应能提供各种类型的模拟和数字业务，包括有线或无线传输的语音、数据、图像，以及多媒体业务、事务处理业务，并共享传输媒质同轴电缆。为此，必须在 HFC 网上合理分配频段，实现各业务的有效接入。如图 2-33 所示为 HFC 的一种频谱分配方案。低频端 5～42MHz 主要用于用户到前端的上行通道的电话、数据传输。其中，5～8MHz 传输状态监频信号，8～12MHz 传输点播电视（VOD）信令，15～40MHz 传输电话。50～550MHz 频段传输现有模拟 CATV 信号，对带宽为 6MHz 的 NTSC 制式信号可传 80 路，对带宽为 8MHz 的 PAL 制式信号可传 63 路。550～750MHz 频段主要用于前端至用户的下行通道的电话、数据以及数字 CATV 信号的传输。高端的 750～1000MHz 频段计划用于未来双向通信业务，其中的两个 50MHz 宽频段已明确用于传送个人通信业务（PCS），余下频段留做新业务及其他各种应用。

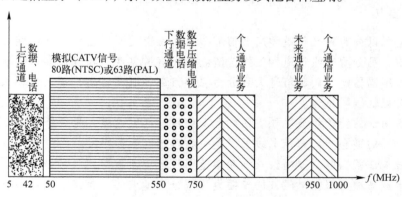

图 2-33　HFC 网频谱分配

一旦 HFC 部署到位，它可以很方便地被运营商扩展以满足日益增长的服务需求以及支持新型服务。总之，在目前和可预见的未来，HFC 都是一种理想的、全方位的、信号分派类型的服务媒质。

思考题

HFC 是什么含义？其网络结构特点如何？使用了哪些传输媒质？

数字通信技术及应用

知识梳理与总结2

1. 知识体系

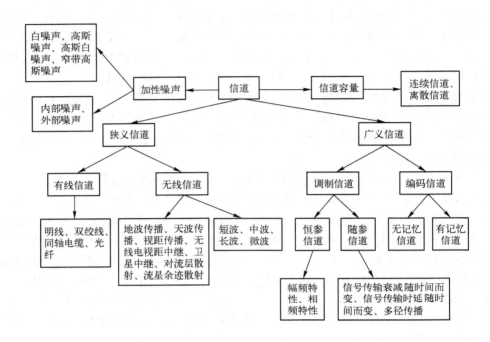

2. 知识要点

（1）信道可以分为狭义信道和广义信道。狭义信道是指发送端和接收端之间用以传输信号的传输媒质，可分为有线信道和无线信道。广义信道包含传输媒质和有关转换设备，可分为调制信道和编码信道。调制信道又可分为恒参信道和随参信道，编码信道又可分为无记忆编码信道和有记忆编码信道。

（2）有线信道的传输媒质主要有明线、双绞线、同轴电缆、光纤等。HFC 是把铜缆和光缆搭配起来应用的混合光纤同轴电缆网，是一种理想的服务媒质。

（3）无线信道根据电磁波的波长和频率范围可分为长波信道、中波信道、短波信道、超短波信道和微波信道。根据电磁波的传播模式可分为地波传播信道、天波传播信道、视距传播信道、无线电视距中继信道、卫星中继信道、对流层散射信道、流星余迹散射信道。

（4）恒参信道的主要传输特性通常用振幅—频率特性和相位—频率特性来描述。随参信道则主要具有对信号的传输衰减随时间而变化、信号传输的时延随时间而变化、多径传播三个特性。

（5）噪声可以理解为通信系统中对信号有影响的所有干扰的集合，有加性噪声和乘性噪声之分；按照来源分类，噪声可分为外部噪声和内部噪声；按照性质分类，噪声可分为窄带噪声、脉冲噪声和起伏噪声。通信系统中主要关注的噪声有白噪声、高斯噪声、高斯白噪声、窄带高斯噪声。

（6）信道容量是指在单位时间内信道上所能传输的最大平均信息速率。连续信道容量可根据香农公式进行计算，与信道带宽、信噪比相关。离散信道的容量有两种表示方法，与信源发送符号的概率和信号错误转移概率相关。

3. 重要公式

- 连续信道容量：$C = B\log_2\left(1 + \dfrac{S}{N}\right)$ bps。
- 离散、无噪声信道容量：$C = 2B\log_2 M$ bps。

 ## 单元测试2

1. 填空题

（1）广义信道按照它包含的功能，可以划分为_____和_____。调制信道可分为_____和_____；短波电离层反射信道属于_____。

（2）光纤主要由_____、_____和_____三部分构成。

（3）同轴电缆由_____、_____、_____组成，_____和_____位于同一轴线上。

（4）地波传播是一种_____的传播方式；天波传播是一种_____的传播方式；视距传播是一种_____的传播方式。

（5）噪声按照来源可分为_____和_____两大类。外部噪声由信道引入，又可分为_____和_____。

（6）通常固定电话网中有_____和_____两种传输线路。_____是用户到交换机之间的传输线路。_____是交换机之间的传输线路。

（7）HFC通常由_____、_____、_____三部分组成。

2. 判断题

（1）提高信噪比 S/N，可增加信道容量。　　　　　　　　　　　　　（　　）

（2）如果我们能找到一种带宽无限的信道，则可实现信道容量无穷大。（　　）

（3）恒参信道的线性畸变主要表现为幅频畸变和相频畸变。　　　　　（　　）

（4）双绞线抗干扰性能优于同轴电缆。　　　　　　　　　　　　　　（　　）

（5）由多径效应引起的衰落称为快衰落，是随参信道的一个特性。　（　　）

3. 计算题

（1）在传输图片通信中，每帧图片含有 2.4×10^6 像素。为了很好地重现图片，每一像素取16个等概出现可辨别的亮度电平。试计算 2 min 传送一帧图片所需的信道带宽（设 $S/N = 20$ dB）。

（2）已知黑白电视图像信号每帧有30万像素，每一像素有8个亮度电平，各电平独立地以等概出现，图像每秒发送25帧。若要求接收图像信噪比达到30 dB，试求所需传输带宽。

（3）已知某数字通信系统信道带宽为 6000 Hz，采用八进制传输，试求无噪声时信道容量。

模块三

信号的有效传输技术

 教学导航3

教	知识重点	1. PCM 系统组成及各步骤的作用。　2. 低通及带通抽样定理应用。 3. 均匀量化及非均匀量化的基本思想。 4. A 律 13 折线逐次反馈比较型编码方法。 5. 频分复用、时分复用的原理与应用领域。　6. 数字复接的原理。 7. PDH 和 SDH 帧结构及复接体系。
	知识难点	1. A 律 13 折线压缩特性。　2. 逐次反馈比较型编码原理。 3. DPCM、ADPCM 等语音压缩编码技术的原理。 4. PDH 和 SDH 的特点、帧结构、复接体系。
	推荐教学方式	1. 通过音频通信终端——电话机的介绍，导出模拟信号数字化技术，激发学生学习兴趣。 2. 本模块图片较多，可采用多媒体教学。 3. 通过系统实验，加深对 PCM 编译码过程各个环节的理解。 4. 通过图形、图像通信终端——传真机案例分析，巩固理论知识，将理论与实际结合起来，同时拓展学生知识面。
	建议学时	20 学时
学	推荐学习方法	1. 本模块要注重概念、原理的理解。 2. 理论学习要注意结合给出的案例及实训来理解。 3. 通过典型例题掌握 PCM 编码方法。 4. 实训中要注意分析波形之间的关系。
	必须掌握的 理论知识	1. PCM 系统组成及各步骤的作用。　2. 低通及带通抽样定理。 3. 均匀量化及非均匀量化的基本思想。 4. A 律 13 折线逐次反馈比较型编码方法。 5. 频分复用、时分复用、数字复接的原理。 6. PDH 和 SDH 帧结构及复接体系。
	必须掌握的技能	1. 会调测抽样定理与 PAM 实验系统的关键点波形，并进行对比分析。 2. 会调测 PCM 实验系统的关键点波形，并进行对比分析。 3. 对于给定的样值信号能编出 PCM 8 位码。

案例导入3　音频通信终端

音频通信终端是通信系统中应用最为广泛的一类通信终端，它可以是应用于普通电话交换网络 PSTN 的普通模拟电话机、录音电话机、投币电话机、磁卡电话机、IC 卡电话机，也可以是应用于 ISDN 网络的数字电话机以及应用于移动通信网的无线手机。此外，具备声卡的计算机在软件支持下，也可完成音频通信终端的功能。

电话通信是通过声能与电能相互转换，并利用"电"这个媒介来传输语言的一种通信技术。当人们通过电话进行语音通信时，发话者拿起电话机对着送话器讲话时，声带振动激励空气产生振动发出声波，声波作用于送话器，引起电流变化，称为语音电流，即语音信号。语音信号沿传输线路传送到对方电话机的受话器，由受话器再将信号电流转换为声波传送到空气中，作用于人耳，完成语音通信过程。

电话机是电话通信的终端设备，是使用最普遍和最方便的一种通信工具。伴随着时代的进步，电话机在品种、质量和数量上都有了较大的发展和提高。按电话机与电话局之间电话线路的形式，电话机可分为有线电话机和无线电话机两类。大部分的人常用有线电话，但用无绳电话、车辆电话和移动电话（手机）的人也越来越多。按电话机与电话局之间电话线路上传输信号的形式，电话机可分为模拟式和数字式两类。模拟式电话机传送的是模拟信号，数字式电话机传送的是数字信号。到目前为止，绝大多数电话机属于模拟电话机。数字电话机除了具有模拟电话机的功能外，还具有发送、接收和处理文字、数据和图像等信息的功能。按使用方式，电话机可分为桌式、墙式、墙桌两用式和携带式电话机等。按制式，电话机可分为磁石式、共电式和自动式等。还有具有更多功能的留言电话机、保密电话机、针对残疾人和老年人使用的电话机、自动翻译电话机、可视电话机。一般来讲，具备最基本功能的电话机由通话设备、信号设备和转换设备三个基本部分组成。电话机的基本组成示意图如图 3-1 所示。

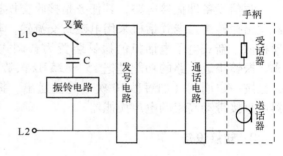

图 3-1　电话机的基本组成示意图

1. 通话设备

通话设备包括送话器、受话器及其相关电路，是电话机达到电话通信目的的主要设备。

送话器是把语音转换成语音电流的声电转换器件，按使用材料可分为炭精式送话器、压电陶瓷送话器和驻极体式送话器等。炭精式送话器是使用历史最长的送话器，现已淘汰。压电陶瓷送话器用具有压电效应的陶瓷片作为振动膜，用户讲话时膜片在声压作用下产生形变，吸附在陶瓷片表面的电荷随极化强弱充放电，形成语音电流。驻极体式送话器用驻极体（一种带电荷的电介质）作为振动膜，用户讲话时膜片在声压作用下产生振动，改变其两侧的电荷密度，从而形成微小的电压变化，经放大后变成语音电流。

受话器是把语音电流转换成声音的电声转换器件，一般有电磁式、动圈式和压电式等类型。电磁式受话器主要由永久磁铁、振动膜片、铁芯和线圈等零件组成。当无话音电流通过线圈时，仅有永久磁铁的固定磁通对振动膜片产生吸力，使铁质振动膜片微向

铁芯弯曲，当线圈内通过语音电流时，因语音电流是交变电流，膜片就根据电流变化规律而振动并发出声音。动圈式受话器主要由永久磁铁、极靴、线圈、振动膜片等零件组成，线圈和振动膜片连在一起，且线圈套于永久磁铁与极靴的间隙中。线圈平时置于恒定的磁场中，当线圈通过语音电流时，在磁场的作用下线圈将垂直于磁场移动，并带动振动膜片。压电陶瓷受话器是利用逆压电效应工作的，在语音电流的作用下，陶瓷片产生形变而发出声音。

老式电话机通话电路中有感应线圈，它是在铁芯上绕有 2 或 3 组线圈的电话变量器，与送话器、受话器和平衡网络相连接，组成通话电路。恰当选择感应线圈的匝数比和平衡网络的阻抗，可提高送话器、受话器的工作效率，减少通话时的侧音，改善通话质量。目前，电话机的通话电路多数由集成电路芯片实现，芯片内已集成了电话变量器、平衡网络等功能，不再需要感应线圈和平衡网络电路。

2. 信号设备

信号设备包括发信设备和收信设备。

发信设备即发号电路，用户通过号盘或键盘拨打出被叫用户的号码或其他信息。发信时，话机处于摘机状态。转盘拨号盘（或按键盘）用于向交换机发送被叫用户号码。按键盘里的脉冲通断装置将表示被叫号码的直流脉冲信号发往交换机，按键盘与相应的发号集成电路配合发出直流脉冲信号或双音多频（DTMF）信号。按键盘一般由 12 个按键和开关接点组成，其中 10 个数字键，2 个特殊功能键，分别为"＊"、"#"键。

收信设备即振铃电路，其任务是接收交换机送来的铃流电流，通过话机中的电铃或扬声器发出振铃声。老式话机采用电磁式交流铃，其结构和工作原理与电磁式受话器的结构和原理相似。新式电子电话机的振铃装置为音调式振铃器，由振铃集成电路和电声换能器件组成。振铃集成电路的功能是把 15 ～ 25 Hz 振铃电压转换为几百到上千赫兹的两种音频电压，并且按一定周期（如每秒 10 次）轮流送出。振铃集成电路内部包含转换器和放大器，放大器可直接带动高阻的电声换能器。

3. 转换设备

转换设备也称叉簧，即开关，它由手柄机（电话听筒）是否放置在电话机上来完成开关的接通与断开。电话机的摘机状态和挂机状态依靠转换设备交替工作，并经过用户线使交换机识别。挂机状态，即处于收信状态，这时的话机可作为被叫接收交换机送来的铃流电流；而用户摘机后，叉簧往上弹，话机状态得到转换，由收信状态变为通话状态（作为被叫）或听拨音、拨号、通话（作为主叫）等状态。叉簧开关的作用是挂机时将振铃电路接在外线上，摘机时断开振铃电路，将通话电路接在外线上，并完成直流环路，向交换机发出表示要打电话的用户启呼信号。

电话通信是用电流的变化模拟声音的变化来表达原始语音信息，因此音频信号是一种连续的模拟信号，它的形成比较简单、直观，但在传输过程中容易受到外界干扰发生畸变，从而降低语音质量，使声音出现失真。因此模拟的语音信号通常还要经过电话交换机来处理，使之变换为数字信号来传输，从而使信号抗干扰能力增强，产生的畸变小，也容易消除，通话质量大大提高。

数字式电话机本身就具备将模拟语音信号转换为数字信号的功能，转换模块主要由 PCM

编译码器、波形成形电路、前端处理器、比较器、控制信号发生器、同步提取电路等构成。数字电话机的基本原理示意图如图 3-2 所示。

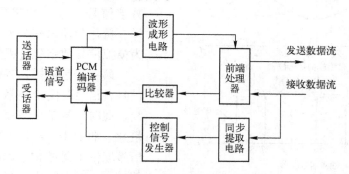

图 3-2　数字电话机的基本原理示意图

语音信号经 PCM 编译码器编码后变换成数字信号，再经波形成形电路、前端处理器处理后成为发送数据流输出；接收数据流分两路传输：一路经前端处理器、比较器处理后送入 PCM 编译码器还原成语音信号；另一路经同步提取电路以位时钟和帧同步信号输送至控制信号发生器，控制信号发生器为 PCM 编译码器提供控制信号。

通信技术向数字化方向发展是必然的。不论使用模拟电话机还是数字电话机，最终在线路上传输的都是数字信号，都属于数字通信，这也是由数字通信较模拟通信具有诸多优点所决定的。例如，抗干扰能力强，信号传输质量高；易于加密，信息传输比较安全；易于信息的记录、保存和处理；可以提供综合业务，等等。

语音、图像等信号都是在时间和幅度上连续取值的模拟信号。要实现模拟信号的数字化传输，首先要将其通过编码转换成数字信号，即模数变换。在接收端再将数字信号还原成模拟信号，即数模变换。模数变换和数模变换是一个互逆的过程。

模数变换是实现模拟信号数字化传输的第一个步骤，其方法很多，信源编码方法大体可以分成三类：波形编码、参量编码、混合编码。其中波形编码是有线通信系统应用比较广泛的一种编码方式。它直接把时域波形变换为数字代码序列，数码率通常在 16 ～ 64 Kbps 范围内，波形编码重建信号的质量好。波形编码技术主要有脉冲编码调制 PCM、差分脉冲编码调制 DPCM、自适应差分脉冲编码调制 ADPCM、增量调制 DM（ΔM）。

思考题

1. 电话机的基本组成和各部分作用？
2. 数字通信中为什么要对语音信号进行模/数转换？

 技术解读 3

3.1　脉冲编码调制

脉冲编码调制 PCM（Pulse Code Modulation）是实现模拟信号数字化的最常用的一种方

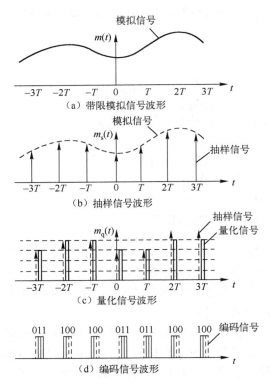

（a）带限模拟信号波形

（b）抽样信号波形

（c）量化信号波形

011　100　100　011　011　100　100　编码信号

（d）编码信号波形

图3-3　模拟信号数字化过程的波形示意图

法。它的任务是把时间连续、取值连续的模拟信号转换成为时间离散、取值离散的数字信号。这一数字化过程一般包含抽样、量化和编码三个步骤，如图3-3所示为模拟信号数字化过程的波形示意图。

第一步是抽样，将模拟信号变为抽样信号，信号时间上离散化，但取值仍然连续，此时信号是离散模拟信号；第二步是量化，将抽样信号变为量化PAM信号，信号取值上离散化，此时信号已经是数字信号了，可以看成是多进制的数字脉冲信号；第三步是编码，将量化信号变为编码PCM信号，用一定位数的二进制码元来表示量化信号的离散取值。

由于编码后的数字信号携带了原始模拟信号的信息，相当于将模拟信号的信息"调制"到了数字代码上，而代码由信号抽样得到的脉冲序列经量化编码所得，因此，称该通信方式为脉冲编码调制通信。PCM通信系统原理框图如图3-4所示。模拟信号经抽样、量化、编码后变成PCM信号传输；由于信号在传输过程中会出现衰减和失真，在长距离传输时，必须每隔一定的距离对信号波形进行修复，再生中继使畸变信号恢复成原始的PCM信号；然后经过解码将PCM信号还原成量化PAM信号，PAM信号包络与原始信号波形极为相似；最后用低通滤波器滤除谐波成分，便可恢复出原始模拟信号。

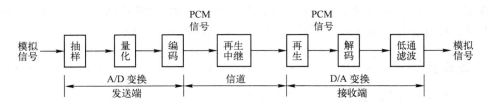

图3-4　PCM通信系统原理框图

思考题

1. 模拟信号抽样后是否变成了数字信号？
2. PCM通信的过程是怎样的？

3.2　模拟信号的抽样

3.2.1　抽样过程

抽样是把时间连续的模拟信号变成时间离散信号的一种过程，它的任务是每隔一定的时间间隔抽取模拟信号的一个瞬时取值，称之为样值。

如图3-5所示，将时间上连续的模拟信号 $m(t)$ 接到由电子开关构成的抽样电路 K 上，又叫抽样门。抽样门 K 的通断由抽样脉冲 $\delta_T(t)$ 控制。在抽样脉冲的控制下，抽样门 K 每间隔时间 T（抽样脉冲周期）闭合一下，$m(t)$ 信号通过抽样门电路后就变成一样值脉冲序列 $m_s(t)$，这样就完成了把模拟信号在时间上离散化的过程。

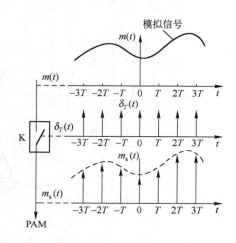

图3-5　抽样过程示意图

抽样后得到的离散冲激脉冲显然和原始连续模拟信号形状不一样。但是，对一个带宽有限的连续模拟信号进行抽样时，若抽样速率足够大，则这些抽样值就能够完全代替原模拟信号，并且能够由这些抽样值准确地恢复出原模拟信号波形。因此，不一定要传输模拟信号本身，可以只传输这些离散的抽样值，接收端就能恢复原模拟信号。抽样定理的提出描述了抽样速率的条件，为模拟信号的数字化奠定了理论基础。

3.2.2　低通模拟信号的抽样定理

低通型抽样定理：一个频带限制在 $(0,f_H)$ 内的低通模拟信号 $m(t)$，如果抽样频率 $f_s \geqslant 2f_H$，则可由抽样信号序列 $m_s(t)$ 无失真地重建出原始信号 $m(t)$。

下面以抽样过程时域和频域对照的直观图形来理解该抽样定理，如图3-6所示。

如图3-6（a）所示为一个最高频率小于 f_H 的模拟信号，图3-6（b）所示为 $m(t)$ 的频谱 $M(f)$。图3-6（c）所示为一个间隔时间为 T 的周期性单位冲激脉冲 $\delta_T(t)$，其表达式为

$$\delta_T(t) = \sum_{n=-\infty}^{\infty} \delta(t-nT) \tag{3-1}$$

图3-6（d）所示为 $\delta_T(t)$ 的频谱 $\Delta_\Omega(f)$，其表达式为

$$\Delta_\Omega(f) = \frac{1}{T} \sum_{n=-\infty}^{\infty} \delta(f-nf_s) \tag{3-2}$$

图3-6（e）所示为抽样信号 $m_s(t)$，可以看成是 $m(t)$ 和 $\delta_T(t)$ 相乘的结果，它是一系列间隔时间为 T 的强度不等的冲激脉冲，其冲击的强度等于 $m(t)$ 在相应时刻的取值。故有

$$m_s(t) = m(t)\delta_T(t) = \sum_{n=-\infty}^{\infty} m(nT)\delta(t-nT) \tag{3-3}$$

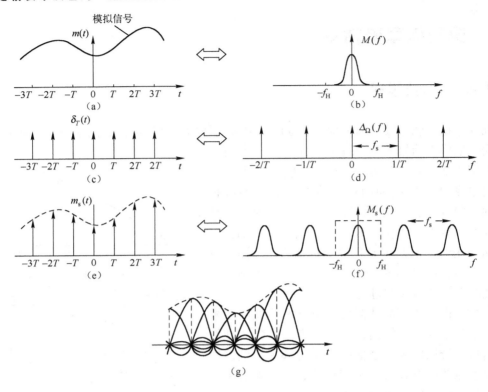

图 3-6 模拟信号的抽样过程

图 3-6（f）所示为 $m_s(t)$ 的频谱 $M_s(f)$，根据频域卷积定理，其表达式为

$$M_s(f) = M(f) * \Delta_\Omega(f) = \frac{1}{T}\left[M(f) * \sum_{n=-\infty}^{\infty} \delta(f - nf_s) \right] = \frac{1}{T}\sum_{n=-\infty}^{\infty} M(f - nf_s) \quad (3-4)$$

式（3-4）表明，由于 $M(f - nf_s)$ 是信号频谱 $M(f)$ 在频率轴上平移了 nf_s 的结果，所以，抽样信号的频谱 $M_s(f)$ 由无数间隔频率为 f_s 的原信号频谱 $M(f)$ 相叠加而成。

由图 3-6（f）不难看出，只要抽样频率 $f_s \geqslant 2f_H$，$M_s(f)$ 中包含的每个原信号频谱 $M(f)$ 之间就互不重叠。这样就能够从 $M_s(f)$ 中用一个低通滤波器分离出信号 $m(t)$ 的频谱 $M(f)$。显然，抽样信号 $m_s(t)$ 包含了信号 $m(t)$ 的全部信息，能从抽样信号中无失真地恢复出原信号。理想低通滤波器的特性在图 3-6（f）中用虚线表示。从时域上看，当图 3-6（e）中的抽样脉冲序列冲激此理想低通滤波器时，滤波器的输出就是一系列冲激响应之和，如图 3-6（g）所示。这些冲激响应之和就构成了原信号。

如果抽样频率 $f_s < 2f_H$，则抽样信号相邻周期的频谱间将发生频谱重叠，这样就无法用低通滤波器正确分离出原信号频谱 $M(f)$。

因此，最低抽样频率为 $2f_H$，称为奈奎斯特（Nyquist）抽样速率；与此相应的最大抽样时间间隔称为奈奎斯特抽样间隔。

但当 $f_s = 2f_H$ 时，用截止频率 $f_c = f_H$ 的实际低通滤波器不容易分离出原模拟信号的频谱，因为实际滤波器的截止边缘不可能做到如此陡峭。所以，实用的抽样频率通常取 $f_s > 2f_H$，使原模拟信号和各次边带间留出空隙（又叫保护频带）。例如，典型语音信号的频带为 300～

3400 Hz，则 $2f_H = 6800$ Hz，而实际抽样频率通常采用 8000 Hz。此时保护频带为 1200 Hz，抽样周期 $T_s = 1/f_s = 125\,\mu s$，即对语音信号每隔 125 μs 抽取一个样值。接收端采用截止频率 $f_s = 3400$ Hz 的低通滤波器，就可以将样值恢复成原模拟信号，从而完成通信任务。

抽样频率的选择不能太小，小了会产生交叠失真；但也不是越大越好，太大会导致抽样后信号频谱中的基频与一次下边带的截止频率间留有很宽的保护频带（防卫带），从而造成频率资源的浪费。所以，只要能满足 $f_s > 2f_H$，并有一定的防卫带即可。

3.2.3　带通模拟信号的抽样定理

由低通型抽样定理可知，只要 $f_s > 2f_H$，接收端就能从 PAM 信号中重建出模拟信号。但对于 f_L 较高的带通模拟信号，其频谱如图 3-7 所示。若仍使用 $f_s \geq 2f_H$ 的条件确定 f_s 虽然可以，但不必要。因为这时在 $0 \sim f_L$ 频段还有很大空隙未被利用，造成频率资源浪费。抽样频率要取多大才算合适，带通型抽样定理回答了这个问题。

带通型抽样定理：对于某一上截止频率为 f_H，下截止频率为 f_L，带宽为 $B = f_H - f_L < f_L$ 的带通模拟信号，所需最小抽样频率 f_s 应满足

$$f_s = 2B\left(1 + \frac{M}{N}\right) \tag{3-5}$$

式（3-5）中，$M = \dfrac{f_H}{B} - N$，N 为不大于 $\dfrac{f_H}{B}$ 的最大正整数。

按照式（3-5）可画出 f_s 和 f_L 关系曲线如图 3-8 所示。

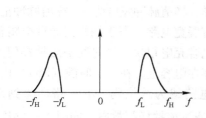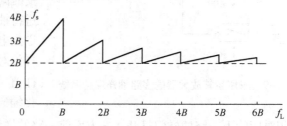

图 3-7　带通模拟信号频谱　　　　图 3-8　f_s 和 f_L 的关系曲线

由图 3-8 可见，当 $f_L = 0$ 时，$f_s = 2B$，就是低通模拟信号的抽样情况；当 f_L 为 B 的整数倍时，$f_s = 2B$；当 f_L 很大时，f_s 趋近于 $2B$。f_L 很大意味着这个信号是一个窄带信号。许多无线电信号，例如，在无线电接收机的高频和中频系统中的信号，都是这种窄带信号，所以对于这种信号抽样，无论 f_H 是否为 B 的整数倍，在理论上，都可以近似地将 f_s 取略大于 $2B$。但要注意的是，图 3-8 中的曲线表示的是要求的最小抽样频率 f_s，并不意味着用任何大于该值的频率抽样都能保证频谱不重叠。

【实例 3-1】　对于载波 60 路群信号，其频率范围为 312 ～ 552 kHz，试求抽样频率应为多大才能满足要求？

解：因为 $B = f_H - f_L = 552 - 312 = 240$ kHz $< f_L$，所以该信号为带通型信号。

$$N = (f_H/B)_{取整} = (552/240)_{取整} = 2$$

$$M = \frac{f_H}{B} - N = \frac{552}{240} - 2 = 0.3$$

$$f_s = 2B\left(1 + \frac{M}{N}\right) = 2 \times 240 \times \left(1 + \frac{0.3}{2}\right) = 552\text{kHz}$$

所以，抽样频率不能小于552kHz。

3.2.4 抽样信号的保持

在理论上，抽样过程可以看做周期性单位冲激脉冲和此模拟信号相乘。但在实际中，往往用周期性窄脉冲来代替冲激脉冲。在实际的PCM电话通信中，抽样脉冲宽度 τ 一般取得很小，通常为 $2 \sim 4\text{bit}$（1bit相当于488ns）。这样做的原因有三点：一是抽样脉冲宽度窄，可以减小功耗；二是可避免 τ 取得太大，造成样值脉冲顶部不平坦，导致量化标准不易确定；三是可防止路际间串音。由于上述原因的制约，造成抽样后样值宽度也仅为 $2 \sim 4\text{bit}$（一般为2bit），而编码需要的时间为8bit。因此，需将抽样后的样值宽度由 $2 \sim 4\text{bit}$ 保持展宽成为8bit，以供后续的编码电路使用。保持电路通常由一个大电容器实现。

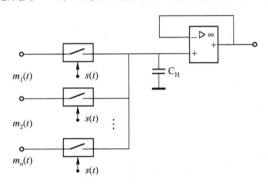

图3-9 采用运算放大器的多路抽样保持系统

如图3-9所示为采用运算放大器的多路抽样保持系统原理图。图中的运算放大器起到电压跟随作用，它使保持电容 C_H 的负载很轻，在保持期间使电容 C_H 上的电压基本保持不变。为了保证时分多路通信，图3-9所示的各抽样门受时间上错开的抽样脉冲的控制对各语音信号进行抽样，样值脉冲宽度为 τ。样值脉冲汇总后送到电容展宽电路，由于抽样门导通电阻很小，样值对电容充电很快。经时间 τ 后抽样门关断，样值保存在电容上，在一个时隙（8bit）内由量化编码电路编为八位码。下一路样值到来时，与其相对应的下一路抽样门打开。一方面前一路的样值通过该抽样门放电，同时下一路样值对电容 C_H 进行充电。经时间 τ 后该抽样门断开，下一路样值被保持并编码。其余以此类推。

3.2.5 抽样信号的类型

在实际应用中，常用"抽样保持电路"产生PAM信号。模拟信号先和非常窄的周期性脉冲（近似冲激函数）相乘，得到样值序列，然后通过一个保持电路，将抽样电压保持一定时间。这样，保持电路的输出脉冲波形保持平顶，称之为平顶抽样。如图3-10所示为平顶PAM信号波形。

其实，抽样也可看做一个脉冲振幅调制的过程，可以把周期性脉冲序列看做非正弦载波，模拟信号看做调制信号，而把抽样过程看做用模拟信号对非正弦载波进行振幅调制。将抽样电路输出的样值脉冲序列称为脉冲振幅调制PAM（Pulse Amplitude Modulation）信号就是由此而来的。

采用PAM调制得到的已调信号的脉冲顶部和原模拟信号波形相同，称为自然抽样或曲

顶抽样。如图 3-11 所示为曲顶 PAM 信号波形。

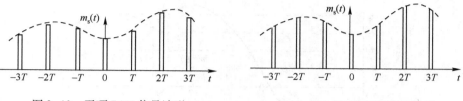

图 3-10　平顶 PAM 信号波形　　　　图 3-11　曲顶 PAM 信号波形

思考题

1. 说明抽样时产生频谱混叠的原因。
2. PCM 电话通信通常采用的标准抽样频率是多少？

3.3　抽样信号的量化

3.3.1　量化过程

　　模拟信号抽样后得到的 PAM 信号，只是在时间上实现了离散化，而幅度取值仍是随原信号幅度连续变化的，因此仍然是模拟信号。要把抽样信号变换成数字信号还需要进行幅度的离散化处理。量化就是将幅度连续变化的样值序列信号按一定规则离散化，变换成幅度离散的样值序列信号的过程，即用有限个幅值近似代替无穷多个取值的过程。

　　在原理上，量化过程可以认为是在一个量化器中完成的。量化器的输入信号为模拟信号的抽样值 $m(kT)$，输出信号为量化信号值 $m_q(kT)$，如图 3-12 所示。在实际中，量化过程常是和后续的编码过程结合在一起完成的，不一定存在独立的量化器。下面我们将讨论模拟抽样信号的量化过程。

　　我们将绝大部分抽样值的取值范围定义为量化区；量化区的最大取值称为过载电压；量化区之外的部分称为过载区；量化区中划分的每个小区间称为量化区间；量化区间长度称为量化间隔；量化区间的个数称为量化级数；若抽样信号落在某个量化区间内，就用此区间的一个特殊值来代替，这个特殊值称为量化值或量化电平。

　　在图 3-12 模拟信号的抽样值 $m(kT)$ 中，T 是抽样周期，k 是整数。此抽样值仍然是一个取值连续的变量，即它可以有无数个可能的连续取值。若我们仅用 N 个二进制数字码元来代表此抽样值的大小，则 N 个二进制码元只能代表 $M = 2^N$ 个不同的抽样值。因此，必须将量化区按一定规则划分成 M 个量化区间，即量化级数为 M，每个区间用一个量化电平表示，共有 M 个量化电平。用这 M 个量化电平表示连续抽样值的方法称为量化。

图 3-12　量化器

　　如图 3-13 所示，给出了一个量化过程的例子。图中，横坐标表示抽样时刻；纵坐标表

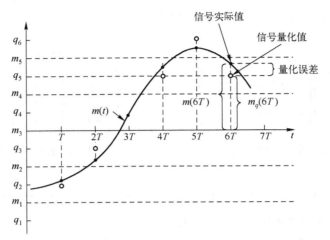

●—信号抽样值； ○—信号量化值

图 3-13　量化过程

示信号取值，$q_1, q_2, \cdots, q_i, \cdots, q_6$ 是量化后信号的 6 个可能输出量化电平，$m_1, m_2, \cdots, m_i, \cdots,$ m_5 是量化区间的端点。可以写出一般公式：

$$m_q(kT) = q_i, \quad 当\ m_{i-1} \leqslant m(kT) < m_i \tag{3-6}$$

　　按照式（3-6）变换，就可以将模拟抽样信号 $m(kT)$ 变换成离散量化信号 $m_q(kT)$。例如，第一个样值落在了量化区间（m_1, m_2）内，我们可以用 q_2 这个量化值代替。若信号落在了过载区，就用一个与它最近的量化值代替。

　　在量化过程中根据量化值的选取方案不同，量化可分为三种。若量化值取量化区间的最小值，这种量化称为"舍去法"量化；若量化值取量化区间的最大值，这种量化称为"补足法"量化；若量化值取量化区间的中间值，这种量化称为"四舍五入法"量化。

　　在图 3-13 中，M 个量化区间是等间隔划分的，这种量化方式称为均匀量化；M 个量化间隔也可以是不相等的，这种量化方式称为非均匀量化。

3.3.2　均匀量化

　　均匀量化是指量化区内的量化间隔是均匀划分的。设量化区的范围是（a, b），量化级数为 M，则均匀量化时的量化间隔为

$$\Delta v = \frac{b - a}{M} \tag{3-7}$$

且量化区间的端点

$$m_i = a + i\Delta v \qquad i = 0, 1, \cdots, M \tag{3-8}$$

若采用"四舍五入法"量化，则量化输出电平为

$$q_i = \frac{m_i + m_{i-1}}{2} \qquad i = 1, 2, \cdots, M \tag{3-9}$$

若采用"舍去法"量化，则量化输出电平为

$$q_i = m_{i-1} \qquad i = 2, \cdots, M \tag{3-10}$$

若采用"补足法"量化，则量化输出电平为

$$q_i = m_i \qquad i = 1, 2, \cdots, M \tag{3-11}$$

量化输出电平和原始样值一般不同，两者之间往往存在一定误差，这种由于量化造成的误差称为量化误差，用 $e(t)$ 表示

$$e(t) = m_q(kT) - m(kT) \tag{3-12}$$

在量化区内，"四舍五入法"量化时引入的最大量化误差是半个量化间隔 $\frac{\Delta v}{2}$；"舍去法"和"补足法"量化时引入的最大量化误差是一个量化间隔；在过载区的量化误差要大一些。量化误差相当于在原始样值上叠加上了一个噪声，故又称为量化噪声。它是数字通信所不可避免的。因为人耳对信号强弱的区分能力是有限的，所以当两个信号电压相差很小时，人耳就分辨不出来。例如，人的耳朵很难辨别 100 人的合唱和 99 人的合唱在声音响度上的区别，所以在以人耳为接收器官的通信中，对信号的幅度值用近似的量化值表示是允许的。

均匀量化输出与输入之间的特性是一个均匀的阶梯关系，以"四舍五入法"为例，如图 3-14（a）所示。量化误差的特性如图 3-14（b）所示。

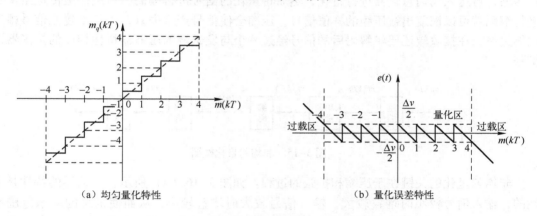

（a）均匀量化特性　　　　　　　　　　　（b）量化误差特性

图 3-14 "四舍五入法"均匀量化特性与量化误差特性

通过前面的分析，容易得出如下结论：量化级数越多，量化误差越小；任何量化方法均会产生量化误差。量化误差只能尽量被减小，而不能完全被消除。

通信中，噪声对通信质量的影响并不直接决定于噪声的大小，而是主要决定于信噪比。通常我们用信号功率与量化噪声功率的比值（即信号量噪比）来衡量量化误差对于信号影响的大小。信号量噪比是量化器的主要指标之一。

理论分析可知，量化噪声功率与量化间隔成正比。均匀量化时大信号和小信号的量化间隔相等，信号量噪比就取决于输入信号的大小，则小信号量噪比小，大信号量噪比大。而语音信号中，小信号出现的概率大，故通信质量不理想。为提高通信质量，则必须通过增加量化级数以减小量化间隔，从而提高信号量噪比，但在编码时量化级数越多，所需的编码位数越多，这给电路实现带来困难；另外码位数多则要求传输速率高，对传输不利。

因此，均匀量化对于小信号传输是非常不利的。为了克服这个缺点，改善小信号时的信号量噪比，在实际应用中常采用非均匀量化。

3.3.3 非均匀量化

非均匀量化是量化间隔按某一特定规律随输入信号样值大小变化的一种量化方式，其基本思想就是减小小信号的量化间隔，增大大信号的量化间隔。以牺牲大信号的信噪比为代价，来提高小信号的信噪比，从而保证通信质量。

语音信号是按符合人耳听觉特性的对数规律进行量化的。这种量化方式就可让小信号的量化间隔小些，大信号的量化间隔大些，即减小小信号的量化误差，提升其信噪比；增大大信号的量化误差，降低其信噪比。在信号的动态范围内，使其量化信噪比基本上为一恒定值。

1. 非均匀量化的实现

实际中，非均匀量化的实现可采用压缩扩张技术。压缩扩张技术就是在发送端对输入量化器的信号先进行压缩处理，在接收端进行相应的扩张处理。

非均匀量化一般采用如图 3-15 所示的过程实现。将抽样后的样值信号先通过压缩器进行压缩，再送入均匀量化器进行量化，然后将量化的信号进行编码，再经信道传送至接收端进行解码就可以恢复出被压缩的样值信号。压缩会使信号产生失真，为了重建原信号幅度的比例关系，在接收端还要将解码后的信号经过一个与发送端的压缩器特性相反的扩张器进行扩张。

图 3-15 非均匀量化框图

非均匀量化的关键在于压缩和扩张的过程。如图 3-16（a）所示，压缩器的特性是非线性的，输入信号较小时增益较大，输入信号较大时增益较小，从而使信号的动态范围被压缩。如图 3-16（b）所示，扩张器的特性是小信号时增益较小，大信号时增益较大。压缩加均匀量化的综合效果就是实现对原样值信号的非均匀量化，压缩后信号被均匀量化后量化间隔相等（即纵坐标被均匀划分），相当于压缩前小信号量化间隔小（即对应横坐标间隔小），大信号量化间隔大（即对应横坐标间隔大）。

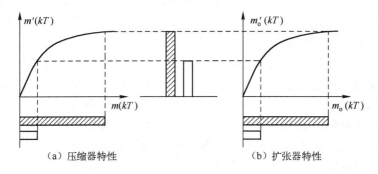

（a）压缩器特性　　　　　　　　（b）扩张器特性

图 3-16 压缩扩张过程

压缩和扩张的特性曲线相同，只是输入、输出坐标互换而已，所以下面的分析仅针对压缩特性。为了对不同的信号强度保持信号量噪比恒定，关于语音信号编码的压缩特性，ITU制定了两种建议标准，即 A 压缩律和 μ 压缩律，以及相应的近似算法——13 折线法和 15 折线法。我国大陆、欧洲各国以及国际间互连时采用 A 压缩律及相应的 13 折线法，北美、日本和韩国等少数国家和地区采用 μ 压缩律及相应的 15 折线法。

2. A 律 13 折线压缩特性

A 压缩律是指符合式（3-13）的对数压缩规律：

$$\begin{cases} y = \dfrac{Ax}{1 + \ln A} & 0 \leqslant x \leqslant \dfrac{1}{A} \\[2mm] y = \dfrac{1 + \ln Ax}{1 + \ln A} & \dfrac{1}{A} \leqslant x \leqslant 1 \end{cases} \tag{3-13}$$

式中，x 为压缩器归一化输入电压；y 为压缩器归一化输出电压；A 为压缩系数，它决定压缩的程度。

A 值不同，压缩特性曲线的形状不同，对小信号的量噪比有较大影响。当 $A = 1$ 时，即无压缩；A 值越大，在小信号区压缩特性曲线的斜率越大，对提高小信号的量噪比越有利。在实际使用中，一般选择 $A = 87.6$。

A 律压缩特性曲线是一条非线性的平滑曲线，若使用二极管等非线性器件来实现，由于二极管特性的不一致性，而且易受温度影响，最终不易使扩张特性和压缩特性完全匹配（总传输系数为 1），因此实际中常用数字电路来实现 13 折线近似代替 A 律压缩特性曲线。

13 折线压缩特性逼近于 $A = 87.6$ 时的 A 律压缩特性。如图 3-17 所示就是 A 律 13 折线压缩特性。

图 3-17 中，对 x 轴在 0～1 归一化范围内以 1/2 递减规律分成 8 个不均匀段，其分段点为 1/2、1/4、1/8、1/16、1/32、1/64、1/128；对 y 轴在 0～1 归一化范围内则分成 8 个均匀的段落，它们的分段点是 7/8、6/8、5/8、4/8、3/8、2/8、1/8。将 x 轴、y 轴相对应分段线在 $x-y$ 平面上的相交点连线就得到各段折线，称 $x = 1$、$y = 1$ 连线的交点与 $x = 1/2$、$y = 7/8$ 连线的交点相连接的折线为第八段折线，称 $x = 1/2$、$y = 7/8$ 连线的交点与 $x = 1/4$、$y = 6/8$ 连线的交点相连接的折线为第 7 段折线，以此类推，这样由大到小一共可连接成 8 段折线，分别为第八段、第七段、……、第一段。由图可见，除第一段和第二段外，其他各

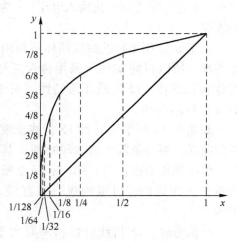

图 3-17　A 律 13 折线压缩特性

段折线的斜率都不相同。各段折线斜率如表 3-1 所示，它反映了 A 律 13 折线对信号的压缩程度。

表 3-1　A 律 13 折线各段斜率

折线段号	1	2	3	4	5	6	7	8
折线斜率	16	16	8	4	2	1	1/2	1/4

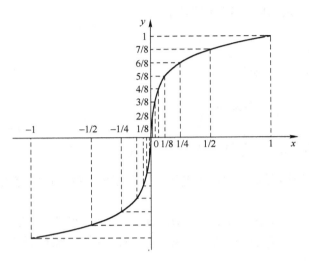

图 3-18　对称输入 A 律 13 折线压缩特性

因为语音信号为交流信号，输入电压 x 有正负极性。所以，上述的压缩特性只是实用压缩特性曲线的一半，x 的取值应该还有负的一半。也就是说，在坐标系的第三象限还有关于原点奇对称的另一半曲线，如图 3-18 所示。在图 3-18 中，第一象限中的第一和第二段折线斜率相同，所以构成一条直线。同样，第三象限中的第一和第二段折线斜率也相同，且与第一象限中的斜率相同。所以，这四段折线构成了一条直线。因此，正负两个象限中的完整压缩曲线共有 13 段折线，故称为 A 律 13 折线压缩特性。

3. μ 律 15 折线压缩特性

μ 压缩律是指符合式（3-14）的对数压缩规律：

$$y = \frac{\ln(1 + \mu x)}{\ln(1 + \mu)} \qquad (3-14)$$

式中，x 为压缩器归一化输入电压；y 为压缩器归一化输出电压；μ 为压缩系数，它决定压缩的程度。

由于 μ 律压缩特性曲线同样不易用电子线路准确实现，所以目前实用中采用特性近似的 15 折线代替 μ 压缩律。15 折线压缩特性逼近于 $\mu = 255$ 时的 μ 律压缩特性。

如图 3-19 所示为 μ 律 15 折线压缩特性第一象限的曲线。第一象限中有 8 段折线，其斜率各不相同，但考虑正负极性时，第一、三象限的第一段折线斜率是相同的，可以构成一条直线，故形成 15 折线。

小信号时，15 折线特性斜率要大于 13 折线特性，采用 15 折线特性压缩的信号量噪比约是 13 折线特性的 2 倍。但对大信号而言，采用 15 折线特性压缩的信号量噪比要比 13 折线特性的稍差。

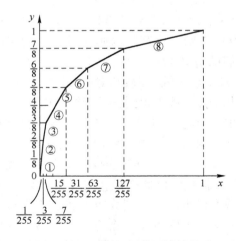

图 3-19　μ 律 15 折线压缩特性

4. A律13折线压缩特性量化区间的划分

由于我国采用的是A律13折线压缩特性，下面主要对该特性进行分析。

由图3-17中A律13折线图形可知，横坐标上整个归一化量化区（-1，1）被分为16段，正、负区间各8段。正区间8段的划分为：（0，1/128）为第一段，（1/128，1/64）为第二段，（1/64，1/32）为第三段，（1/32，1/16）为第四段，（1/16，1/8）为第五段，（1/8，1/4）为第六段，（1/4，1/2）为第七段，（1/2，1）为第八段，负区间的8段与正区间的8段关于原点对称。

如果我们直接将这16段作为量化区间对抽样后的样值进行量化，将会由于量化间隔过大，造成量化误差和量化噪声很大，从而使量噪比很低，导致通信质量下降。因此，需要对这16段进行细分。我们将这16段称为量化段，每一段长度称为段落差。例如，正区间第一个量化段的段落差为1/128。

为了满足通信质量指标的要求，将每一个量化段均匀等分成16级，把每一级作为一个量化区间，这样量化间隔就大大减小了。经过上述细分后，整个量化区被分成了16个量化段，每个量化段分成了16个量化区间，共计$16 \times 16 = 256$个量化区间，即量化级数为256。

这种划分方法使每个量化段的量化间隔各不相同，小信号区量化间隔小、大信号区量化间隔大。第一和第二量化段长度最短，段落差为1/128，因此其量化间隔最小。将此最小量化间隔称为1个量化单位，用Δ表示，$\Delta = (1/128) \times (1/16) = 1/2048$，则量化区范围可以表示为（$-2048\Delta, 2048\Delta$）。

从上面的分析，我们不难想到，如果采用均匀量化时也达到相同的最小量化间隔Δ，则一个极性的量化级数应为2048个，而非均匀量化时只要128个量化级。因此，在保证小信号量化间隔相等的条件下，均匀量化需要11bit编码，而非均匀量化时只需要7bit编码。

思考题

1. 量化信号有哪些优点和缺点？非均匀量化解决了均匀量化存在的什么问题？

2. 13折线律中折线段数为什么比15折线律中的少2段？

3.4 PCM 编码与解码

模拟信号经抽样、量化后完成了时间上和幅值上的离散化处理，变成了一组有限的离散值，但还没有完成数字化的全过程。这种信号是一种多进制信号，不适合直接传输，还需要把每个量化值变换成一组二进制代码，即进行编码处理。编码就是将量化后的PAM信号转换成对应的二进制代码的过程。它是脉冲编码调制过程的最后一个环节。编码后得到的二进制码组信号就是PCM信号。

编码有多种方式：按编码性质分类有线性和非线性之分；按结构分类有逐次反馈型、级联型、混合型之分；按编码器所处位置分类有单路编码和群路编码之分。

编码需要解决四个方面的问题：①选择编码码型；②码位安排；③编码原理；④实现电路。

3.4.1 编码码型

码型是指按一定规律所编出的所有码字的集合，而码字是由多位二进制码构成的组合。码型的实质就是编码时的规律性。语音信号编码所用码型常采用自然二进制码和折叠二进制码两种。如表 3-2 所示为以 4 位二进制码为例的两种编码。

表 3-2　自然二进制码和折叠二进制码比较

量化值序号	量化电压极性	自然二进制码	折叠二进制码
0	负极性	0000	0111
1		0001	0110
2		0010	0101
3		0011	0100
4		0100	0011
5		0101	0010
6		0110	0001
7		0111	0000
8	正极性	1000	1000
9		1001	1001
10		1010	1010
11		1011	1011
12		1100	1100
13		1101	1101
14		1110	1110
15		1111	1111

自然二进制码是按照二进制数的自然规律排列的。折叠二进制码除去最高位，其余部分具有折叠对称关系，故此得名。折叠二进制码的第一位代表信号的极性，称为极性码。信号为正时，极性码为 1；信号为负时，极性码为 0。其余各位码代表信号幅度的绝对值大小，称为幅度码或电平码。

对于自然二进制码，当极性码发生误码时，误差比较大。例如，0111 误码为 1111 后，即由 7 错为 15。对于折叠二进制码来说则不同，它的幅度误差与信号大小有关，小信号误差小，大信号误差大。当极性码发生误差时，例如，1000 误码为 0000 后，只是第 8 级错为第 7 级，仅错 1 级；由 1010 错为 0010，则由第 10 级错为第 5 级。但是对语音信号而言，其小信号出现的概率大，所以从平均影响的角度看，折叠二进制码比自然二进制码造成的幅度误差小，有利于减小语音信号的平均量化噪声。

折叠二进制码另外的优点是对于双极性信号可以采用单极性的编码方法处理，因此简化

了编码过程。

折叠二进制码的缺点是在小信号（或无信号）时会出现长串连 0 码，导致时钟信号提取困难。

综上所述，由于折叠二进制码编码方便，编码时可省去一套负信号幅度码编码电路；而且对于小信号，当极性码发生误码时引起的误差小，所以在 PCM 设备中多采用折叠二进制码。折叠二进制码是目前 A 律 13 折线 PCM30/32 路通信系统所采用的码型。

3.4.2 码位安排

编码的实质就是在码组与量化值之间建立起一一对应的关系。无论是自然码还是折叠码，码组中符号的位数都直接和量化值数目有关。量化间隔越多，量化值越多，则码组中符号的位数也随之增多。同时，信号量噪比也越大。当然，位数增多后，会使信号的传输量和存储量增大，编码器也将变复杂。码位数应根据实际通信系统对通信质量的要求来选取。在语音通信中，通常采用 8 位的 PCM 编码就能够保证满意的通信质量。下面介绍一种适合 A 律 13 折线法编码的码位排列方法。

设 8 位码为 $c_1c_2c_3c_4c_5c_6c_7c_8$，如图 3-20 所示为 8 位码组的排列方式。

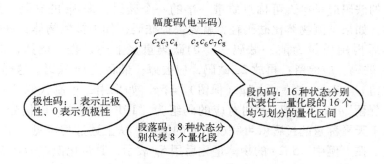

图 3-20 8 位码组的排列

8 位码可以组合出 $2^8 = 256$ 种不同状态的码组，正好和 A 律 13 折线量化区间的划分一一对应。编码码型采用折叠二进制码。其中第一位码 c_1 为极性码，代表信号的正负，c_1 为 "1" 表示信号为正，c_1 为 "0" 表示信号为负。第二～四位码 $c_2c_3c_4$ 称为段落码，三位可组合出 8 种状态，它和正区间或负区间的 8 个量化段建立起一一对应的关系。第五～八位码称为段内码 $c_5c_6c_7c_8$，四位可组合出 16 种状态，它和任一量化段的 16 个小量化区间建立起了一一对应的关系。第二～八位码统称为幅度码或电平码，它反映了样值信号幅度的大小。

编码过程就是确定样值落在哪个量化区间的过程。当样值所在的量化区间确定时，8 位 PCM 码组也就确定了。例如，样值信号落在了负区间第 5 个量化段的第 13 个量化区间，则其对应的 8 位 PCM 编码为 01001100。A 律 13 折线法段落码和段内码的编码规则如表 3-3 和表 3-4 所示。

表3-3　段落码

量化段序号	段落范围 (Δ)	段落码 $c_2c_3c_4$	量化间隔 (Δ)
8	1024～2048	111	64
7	512～1024	110	32
6	256～512	101	16
5	128～256	100	8
4	64～128	011	4
3	32～64	010	2
2	16～32	001	1
1	0～16	000	1

表3-4　段内码

量化间隔	段内码 $c_5c_6c_7c_8$	量化间隔	段内码 $c_5c_6c_7c_8$
15	1111	7	0111
14	1110	6	0110
13	1101	5	0101
12	1100	4	0100
11	1011	3	0011
10	1010	2	0010
9	1001	1	0001
8	1000	0	0000

3.4.3　逐次反馈比较型编码原理

1. 逐次对分比较的概念

逐次对分比较的概念可用天平称物原理来说明。例如，天平有三个砝码分别为4g、2g、1g，它所能称量的物体的最大质量为7g。测量的方法是：先将被测物体放在天平的左侧，在右侧最先放置的砝码应是接近可称总质量一半的一个砝码，即4g的砝码。判定被测物体比砝码重还是轻，如果被测物体比砝码轻，就要去掉砝码；如果被测物体比砝码重，就要将该砝码保留。然后再用质量为前一砝码一半的砝码重复上述过程。例如，被测物体质量为5.2g，先放4g砝码，应保留；再放2g砝码，应去掉；最后放1g砝码。这样依次测定，其过程是：4g（保留）＋2g（去掉）＋1g（保留）＝5g。如果用二进制代码"1"和"0"分别表示砝码的"保留"和"去掉"，则对应的码组为"101"。例如，以信号样值对应被称物体，则用类似于天平称重的过程就可完成信号的编码。从上述过程可见，本方法中编码过程已包含了量化。在上例中，5.2g的物体量化后用5g表示，其量化误差为0.2g。

2. 编码原理及过程

逐次反馈比较型编码采用了对分比较的概念。编码时只需要11种基本权值，分别为1Δ、2Δ、4Δ、8Δ、$\cdots$、1024Δ，由这些基本权值就可以组合出所需要的任何一种幅度权值。确定信号落在哪个量化区间时，也不用与每个量化区间的最大值依次比较，只需选择量化区间个数的中分点对应电平作为每次的比较权值，这样一来，一次比较就可以排除掉一半的量化区间，以前一次比较的结果作为反馈信息，可以定出下一次的比较权值，不论样值信号多大，按这种方法只要比较8次，就能确定其具体位置，从而编出8位PCM码。

PCM编码过程分三个步骤来进行。假设权值信号用I_W来表示，样值信号用I_S来表示。

（1）编极性码（c_1）。可看做一次比较，若$I_S \geq 0$，则$c_1 = 1$；若$I_S < 0$，则$c_1 = 0$。

（2）编段落码（$c_2c_3c_4$）。需要经过三次对分比较。第一次对分点电平是128Δ；第二次对分点电平是512Δ（当$c_2 = 1$时）或32Δ（当$c_2 = 0$时）；第三次对分点电平是1024Δ（当$c_2 = 1$，$c_3 = 1$时），或256Δ（当$c_2 = 1$，$c_3 = 0$时），或64Δ（当$c_2 = 0$，$c_3 = 1$时），或16Δ（当$c_2 = 0$，$c_3 = 0$时）。其判决流程如图3-21所示。

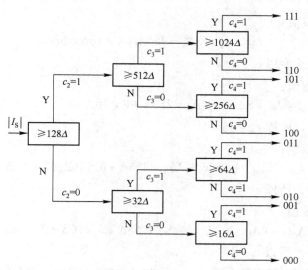

图 3-21　段落码编码流程图

（3）编段内码（$c_5 c_6 c_7 c_8$）。当段落码确定后，则该量化段的起始电平 $I_{\text{B}i}$ 与该量化段的量化间隔 Δ_i 也就确定了。各权值信号用下面表达式确定。

$$I_{\text{W5}} = I_{\text{B}i} + 8\Delta_i$$
$$I_{\text{W6}} = I_{\text{B}i} + 8\Delta_i c_5 + 4\Delta_i$$
$$I_{\text{W7}} = I_{\text{B}i} + 8\Delta_i c_5 + 4\Delta_i c_6 + 2\Delta_i$$
$$I_{\text{W8}} = I_{\text{B}i} + 8\Delta_i c_5 + 4\Delta_i c_6 + 2\Delta_i c_7 + \Delta_i$$

再进行四次比较，即可编出四位段内码。具体方法如下：

若 $|I_\text{S}| \geqslant I_{\text{W5}}$，$c_5 = 1$；$|I_\text{S}| < I_{\text{W5}}$，$c_5 = 0$

若 $|I_\text{S}| \geqslant I_{\text{W6}}$，$c_6 = 1$；$|I_\text{S}| < I_{\text{W6}}$，$c_6 = 0$

若 $|I_\text{S}| \geqslant I_{\text{W7}}$，$c_7 = 1$；$|I_\text{S}| < I_{\text{W7}}$，$c_7 = 0$

若 $|I_\text{S}| \geqslant I_{\text{W8}}$，$c_8 = 1$；$|I_\text{S}| < I_{\text{W8}}$，$c_8 = 0$

【实例 3-2】　设输入电话信号抽样值的归一化动态范围在 $-1 \sim +1$ 之间，将此动态范围划分为 4096 个量化单位，即将 1/2048 作为 1 个量化单位。当输入抽样值为 +444 个量化单位时，试用逐次反馈比较编码的原理将其按 A 律 13 折线特性编出 8 位 PCM 码，并指出量化值大小。

解：由逐次反馈比较型编码原理可知，编码过程即样值与权值的比较过程，当样值大于或等于权值时编为"1"码；当样值小于权值时编为"0"码。

（1）编极性码 c_1。第一次比较：$I_\text{S} = +444\Delta > 0$，所以 $c_1 = 1$。

（2）编段落码（$c_2 c_3 c_4$）。查流程图，可知：

第二次比较的权值：I_{W2} 为 128Δ，因为 $I_\text{S} > I_{\text{W2}}$，所以有 $c_2 = 1$；

第三次比较的权值：I_{W3} 为 512Δ，因为 $I_\text{S} < I_{\text{W3}}$，所以有 $c_3 = 0$；

第四次比较的权值：I_{W4} 为 256Δ，因为 $I_\text{S} > I_{\text{W4}}$，所以有 $c_4 = 1$；

经过以上三次比较，编出段落码为"101"，它对应于第 6 量化段。

（3）编段内码（$c_5 c_6 c_7 c_8$）。由于信号落在第六段，而第六段的起始电平 $I_{\text{B6}} = 256\Delta$，量化间隔 $\Delta_6 = 16\Delta$。

第五次比较的权值：

$$I_{W5} = I_{B6} + 8\Delta_6 = 256\Delta + 8 \times 16\Delta = 384\Delta$$

因为 $|I_S| > I_{W5}$，所以 $c_5 = 1$。

第六次比较的权值：

$$I_{W6} = I_{B6} + 8\Delta_6 c_5 + 4\Delta_6 = 256\Delta + 8 \times 16\Delta + 4 \times 16\Delta = 448\Delta$$

因为 $|I_S| < I_{W6}$，所以 $c_6 = 0$。

第七次比较的权值：

$$I_{W7} = I_{B6} + 8\Delta_6 c_5 + 4\Delta_6 c_6 + 2\Delta_6 = 256\Delta + 8 \times 16\Delta + 2 \times 16\Delta = 416\Delta$$

因为 $|I_S| > I_{W7}$，所以 $c_7 = 1$。

第八次比较的权值：

$$I_{W8} = I_{B6} + 8\Delta_6 c_5 + 4\Delta_6 c_6 + 2\Delta_6 c_7 + \Delta_6 = 256\Delta + 8 \times 16\Delta + 2 \times 16\Delta + 16\Delta = 432\Delta$$

因为 $|I_S| > I_{W8}$，所以 $c_8 = 1$。

经过以上四次比较，编码段内码 $c_5 c_6 c_7 c_8 = 1011$，它对应于第 6 量化段的第 11 量化间隔。

所以，样值信号 $I_S = +444\Delta$ 按 A 律 13 折线特性编出的 8 位 PCM 码为：11011011，量化值为 $+432\Delta$。

由上面的例子我们可以看出，只要样值落在 $+432\Delta$ 和 $+448\Delta$ 之间，得到的码组都是 11011011，量化值都是 $+432\Delta$。

另外，发送端是按"舍去法"量化编码，其量化误差为 $e(t) = 432\Delta - 444\Delta = -12\Delta$，显然大于半个量化间隔 8Δ。在接收端译码时，通常在译码后固定加上半个量化间隔，即将此码组转换成此量化间隔的中间值输出，则输出量化值为 $432\Delta + 8\Delta = 440\Delta$，其量化误差为 $e'(t) = 440\Delta - 444\Delta = -4\Delta$，此时量化误差小于半个量化间隔。

顺便指出，除极性码外，若用自然二进制码表示此折叠二进制码所代表的量化值 432Δ，则需要 11 位二进制数 00110110000。

3.4.4 编解码器

1. 逐次反馈比较型编码器

逐次反馈比较型编码器原理方框图如图 3-22 所示。该编码器主要由保持电路、极性判决、全波整流、比较判决和本地解码器组成。

由于抽样得到的 PAM 信号脉宽很窄，为满足 8 位码的编码要求，需将样值信号通过保持电路展宽为 8bit。保持展宽后的信号经放大被分成两路。一路进行极性判决，编出极性码，极性判决电路实质上是一个比较器，使信号和零电位比较，若信号为正，则电路输出为"1"（$c_1 = 1$），相反则电路输出为"0"（$c_1 = 0$）。另一路通过全波整流电路，将保持放大后的双极性信号转化为单极性信号，这样就省去了一套对负信号的编码电路。整流之后的单极性信号被送入比较器的一个输入端，而比较器的另一输入端是本地解码器送来的权值信号，两者进行比较。若样值大于权值编"1"码；反之，若样值小于权值则编"0"码。比较过程中样值始终不变，而权值每比较一次就会根据新的编码改变一次。经过七次比较之后，就生成

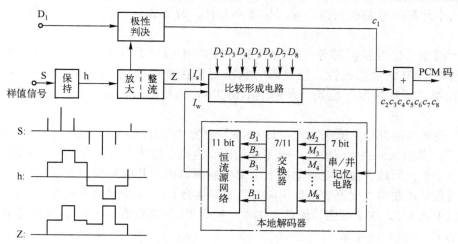

图 3-22 逐次反馈比较型编码器框图

了七位幅度码 $c_2 \sim c_8$，它与极性码经过合成就变成了 8 位 PCM 信号，从而完成了模拟信号向数字信号的转化。

图 3-22 中的本地解码器的作用是将编码之后反馈来的二进制码组变成具有一定幅值用于下次比较的权值信号。它与编码器作用相反，故称为解码器，为了与接收端解码器区别，故称为本地解码器。本地解码器由 7 比特串/并变换及记忆电路、7/11 变换电路和 11 位恒流源网络三部分组成。

（1）7 比特串/并变换及记忆电路的作用是将比较器反馈来的串行信号变为并行信号，并将前几位的码值状态保存下来。

（2）7/11 变换电路的作用是实现 7 位非均匀量化码（非线性码）向 11 位均匀量化码（线性码）的转换。

（3）11 位恒流源网络的作用是在 11 位均匀量化码的控制下产生相应的权值电流，叠加后得到每次比较所需的比较权值。

逐次反馈比较型编码器的特点是电路易实现，但逐位编码速度慢，解码电路复杂。

2. 收端解码器

收端解码器的作用是将收到的 8 位 PCM 码还原成相应的 PAM 信号，其原理框图如图 3-23 所示。

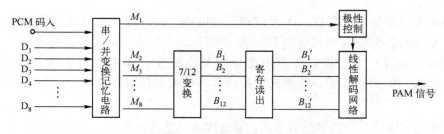

图 3-23 收端解码器框图

它与本地解码电路很相似，原理也基本相同，故不做详细分析，只对两者的区别加以说明。

（1）增加了极性控制部分。根据接收到的 PCM 信号的极性码 c_1 是 "1" 码还是 "0" 码，来辨别 PAM 信号的极性，极性码的状态记忆在寄存器 M_1 中，由 $M_1 =$ "0" 或 $M_1 =$ "1" 来控制 "极性控制" 电路，使解码后的 PAM 信号的极性得以恢复成与发送端相同的极性。

（2）逻辑变换部分由原来的 "7/11 变换" 改为 "7/12 变换"。原因是发端量化采用的是 "舍去法"，其引入的最大误差为一个量化间隔。为减小量化误差，在收端对解码的信号人为地加上半个量化间隔，使误差限制在半个量化间隔以内，其效果相当于采用 "四舍五入法" 量化。当信号落在第 1 或第 2 个量化段时量化间隔为 1Δ，半个量化间隔为 $1/2\Delta$，原来 11 个基本权值中无 $1/2\Delta$ 这个权值，因此又加入一位码 B_{12} 使其权值为 $1/2\Delta$，这就是第 12 位线性码（或 7/12 变换）的由来。

（3）增加了寄存读出电路。由于收端解码器不像发端的本地解码器那样，每收到反馈来的一位码就解码一次，而是等八位码收齐后统一解码，因此需要将前面收到的码组先保存下来，故增加了寄存读出电路。

3. 单路编解码器

单路编解码器是指每一个话路单独完成用户接口、模/数和数/模之间的转换。单路编解码器一般制造成单芯片形式，所以有时亦称单片编解码器。它具有体积小、功耗低、可靠性高、运用灵活等特点，因此得到广泛的应用。此外数字交换机的用户级电路和数字电话机电路中都广泛采用了单路单片编解码器。常用的单片集成 PCM 编解码器有：Intel 2914、MC14403 和 TP3067 单路编解码器等。单片编解码器实际上就是把发端的滤波、抽样、量化编码以及收端的解码、滤波等电路都集成在一块芯片上。下面以 Intel 2914 为例介绍单路编解码器的组成和特点。

（1）Intel 2914 内部结构框图。Intel 2914 将话路滤波器和 PCM 编解码网络集成在一块芯片上，其功能框图如图 3-24 所示。它由三个部分组成：编码单元、解码单元和控制单元。

编码单元包括输入运放、带通滤波器、抽样保持和 DAC（数/模转换）、比较器、逐次渐近寄存器、A/D 控制逻辑电路、参考电源等。待编码的模拟语音信号首先经过运算放大器放大，经通带为 300 ～ 3400Hz 的带通滤波器后，送到抽样保持、比较器、本地 D/A 变换等编码电路进行编码，输出寄存器寄存，由主时钟或发送数据时钟读出，由数据输出端输出。整个编码过程由 A/D 控制逻辑电路控制。此外，还有自动调零电路来校正直流偏置，保证编码器正常工作。

解码单元包括输入寄存器、D/A 控制逻辑电路、抽样保持和 DAC、低通滤波器、输出功放等。在接收数据输入端出现的 PCM 数字信号，由时钟下降沿读入输入寄存器，由 D/A 控制逻辑控制进行 D/A 变换，将 PCM 数字信号变换成 PAM 样值并由样值保持电路保持，再经缓冲器送到低通滤波器，还原成语音信号，经输出功放后送出。功放由两级运放电路组成。

控制单元主要是一个控制逻辑单元，通过 $\overline{PDN}$（低功耗选择）、CLKSEL（主时钟选择）、LOOP（模拟信号环回）三个外接控制端控制芯片的工作状态。

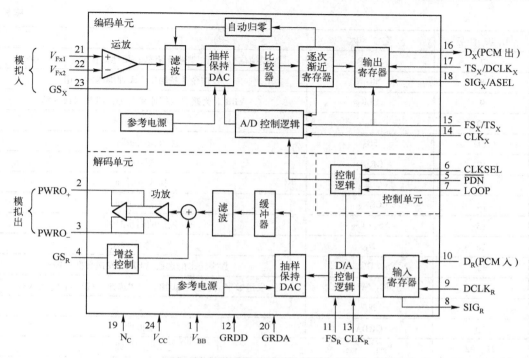

图 3-24 Intel 2914 功能框图

（2）Intel 2914 的主要特性。

① 13 折线 A 律和 15 折线 μ 律兼容，选择 A 律或 μ 律工作，仅需改变控制端的电位即可。

② 有两种定时方式：一是固定比特率（Constant Bit Rate，CBR）方式，可工作于1536Kbps、1544Kbps、2048Kbps 三种固定比特率其中的一种。二是可变比特率（Varible Bit Rate，VBR）方式，可工作于 64 ~ 4096Kbps 速率范围内，且可在工作中变动。

③ 器件内设有精度高的参考电压。

④ 抽样保持和自动调零无须外接元件。

⑤ 电源纹波抑制能力好。

⑥ 功耗低，非工作状态 10mW，工作状态 170mW。

（3）Intel 2914 的引脚编号、名称及功能。该器件采用双列直插的封装方式，共 24 个引脚，与标准的双列直插组件相同，器件的引脚编号、名称及功能如表 3-5 所示。

表 3-5　Intel 2914 引脚编号、名称及功能

引脚编号	名　　称	功　　能
1	V_{BB}	电源（ -5V ）
2，3	$PWRO_+$，$PWRO_-$	收功放输出
4	GS_R	接收信道增益调整
5	PDN	低功耗选择，低电平有效，正常工作接 +5V
6	CLKSEL	主时钟选择，CLKSEL = V_{BB} 时，主时钟频率为 2048kHz

引脚编号	名　称	功　能
7	LOOP	模拟信号环回，高电平有效；接地则正常工作，不环回
8	SIG_R	收信令比特输出，A律编码时不用
9	$DCLK_R$	VBR时为接收数据速率时钟，CBR时接 −5V
10	D_R	接收信道输入
11	FS_R	接收帧同步时钟
12	GRDD	数字地
13	CLK_R	接收主时钟
14	CLK_X	发送主时钟
15	FS_X/TS_X	发送帧同步时钟
16	D_X	发送数字输出
17	$TS_X/DCLK_X$	数字输出的选通/VBR时发送数据时钟
18	$SIG_X/ASEL$	发送数字信令输入μ律、A律选择，接 −5V时选A律
19	N_C	空
20	GRDA	模拟地
21，22	V_{FX1}，V_{FX2}	发模拟信号输入
23	GS_X	发增益控制端
24	V_{CC}	电源（ +5V）

思考题

1. 在PCM电话信号中，为什么常用折叠码进行编码？

2. 收端解码器和本地解码器有哪些不同之处？

3.5　语音压缩编码技术

现有的PCM编码需采用64Kbps的A律或μ律对数压缩方法，才能满足长途电话传输语音的质量指标要求，每路电话占用频带要比模拟单边带系统宽得多。因此，在拥有相同频带宽度的传输系统中，PCM系统能传输的电话路数要比模拟单边带通信方式传送的电话路数少得多。虽然64Kbps PCM系统已经在大容量的光纤通信系统和数字微波系统中得到广泛的应用，但是对于费用昂贵的长途大容量传输系统，尤其是卫星通信系统，采用PCM数字通信方式的经济性能很难和模拟通信相比拟；在超短波波段的移动通信网中，由于其频率资源紧张，64Kbps的PCM系统也难以获得应用。

因此，要拓宽数字通信的应用领域，就必须开发更低速率的数字电话，在相同质量指标的条件下降低数字语音信号的传信率，以提高数字通信系统的频率利用率。通常，人们把低于64Kbps数码率的语音编码方法称为语音压缩编码技术。多年来人们一直致力于研究语音压缩编码技术，常用的语音压缩编码技术有差分脉冲编码调制（DPCM）、自适应差分脉冲编

码调制（ADPCM）、增量调制（ΔM）、参量编码及子带编码（SBC）等。

3.5.1 差分脉冲编码调制

差分脉冲编码调制（Differential Pulse Code Modulation，DPCM）是广泛应用的一种基本的预测编码方法。在预测编码中，每个抽样值不是独立编码，而是先根据前几个抽样值计算出一个预测值，再取当前抽样值和预测值之差，将此差值编码并传输。此差值称为预测误差。

由于语音信号等连续变化的信号，其相邻抽样值之间有一定的相关性，即信号的一个抽样值到相邻的一个抽样值不会发生迅速的变化。这个相关性使信号中含有冗余信息，如果能设法减少或去除这些冗余成分，则可大大提高通信的有效性。从概念上讲，可把语音信号的样值分为两个成分，一个成分与过去的样值有关，因而是可以预测的；另一个成分是不可预测的。可预测的成分（即相关部分）是由前面几个抽样值加权后得到的，不可预测的成分（即非相关部分）可看成是预测误差。因为这种差值序列的信息可以代替样值序列中的有效信息，因此只需传送预测误差值序列即可。由于预测误差的动态范围要比样值本身的动态范围小得多，所以可以少用几位编码比特来对预测误差编码，从而在保证语音质量前提下，降低其传信率。信号的自相关性越强，压缩率就越大。接收端只要把收到的差值信号序列叠加到预测序列上，就可以恢复出原始的样值信号序列。

若利用前面的几个抽样值的线性组合来预测当前的抽样值，则称为线性预测。若仅用前面一个时刻的 1 个抽样值来预测当前的抽样，这时的线性预测编码就是 DPCM。在 DPCM 中，只将前一个抽样值当做预测值，再取当前抽样值和预测值之差进行编码并传输。如图 3-25 所示为 DPCM 系统的原理方框图。

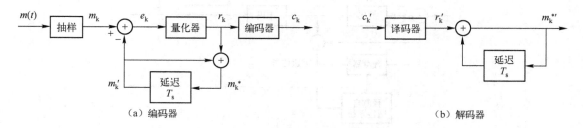

（a）编码器 （b）解码器

图 3-25　DPCM 系统原理方框图

图 3-25 中，延迟电路的延迟时间为一个抽样间隔时间 T_s，输入模拟信号为 $m(t)$，抽样信号为 m_k，接收端重建信号为 $m_k^{*'}$，e_k 是输入抽样信号 m_k 与预测信号 m_k' 的差值，r_k 为量化后的差值，c_k 是 r_k 经编码后输出的数字编码信号。在无传输误码的情况下，解码器输出的重建信号为 $m_k^{*'}$，与编码器中的 m_k^* 完全相同。

对照图 3-25 可写出差值 e_k 和重建信号 m_k^* 的表达式分别为

$$e_k = m_k - m_k' \tag{3-15}$$

$$m_k^{*'} = m_k^* = m_k' + r_k \tag{3-16}$$

DPCM 的总量化误差 e 定义为输入信号 m_k 与解码器输出的重建信号 $m_k^{*'}$ 之差，即

$$e = m_k - m_k^{*'} = m_k - (m_k' + r_k) = e_k - r_k \tag{3-17}$$

由式（3-17）可知，在 DPCM 系统中，总量化误差只和差值信号的量化误差有关。

通过对 DPCM 系统的量化信噪比分析可知，要获得高的信噪比必须要达到所谓的最佳预测和最佳量化。对语音信号进行预测和量化是复杂的技术问题，这是因为语音信号在较大的动态范围内变化，所以只有采用自适应系统，才能得到最佳性能。

3.5.2 自适应差分脉冲编码调制

为了改善 DPCM 体制的性能，将自适应技术引入量化和预测过程，得出了自适应差分脉冲编码调制（Adaptive Differential Pulse Code Modulation，ADPCM）体制。它能大大提高信号量噪比和动态范围。

ADPCM 技术有两种方案，一种是预测固定，量化自适应；另一种是兼有预测自适应和量化自适应。

自适应量化的基本思想就是使量化级差随输入信号变化，使大小不同的信号的平均量化误差最小，从而提高信噪比。理论表明，在编码位数为 4 的情况下，自适应量化 PCM 系统比未采用自适应量化的 PCM 系统的信噪比改善 4 ～ 7dB。根据估计信号能量的途径可分为前向自适应和后向自适应两种。

自适应预测的基本思想就是使预测系数随输入信号而变化，从而保证预测值与样值最接近，即预测误差为最小。理论表明，自适应预测可使 DPCM 的信噪比增益达 6 ～ 10dB。

兼有预测、量化自适应的 ADPCM 系统原理框图如图 3-26 所示。

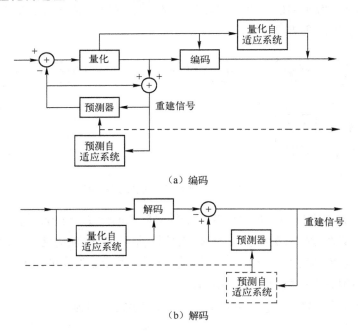

（a）编码

（b）解码

图 3-26　兼有预测、量化自适应的 ADPCM 系统原理框图

由于采用了自适应措施使量化失真、预测误差均比较小，因而传送 32Kbps 比特率即可获得 64Kbps PCM 系统的通信质量，所以国际电信联盟标准部已将其作为长途传输中的一种

新型的国际通用的语音编码方法。

3.5.3 增量调制

增量调制 ΔM 或 DM（Delta Modulation）可以看成是一种最简单的 DPCM。当 DPCM 系统中量化器的量化电平数取为 2 时，此 DPCM 系统就成为增量调制系统。图 3-27 所示为增量调制原理方框图。

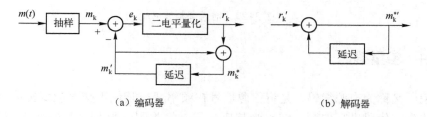

（a）编码器 　　　　　　　　　（b）解码器

图 3-27　增量调制原理方框图

图 3-27（a）中预测误差 e_k 被量化成两个电平 $+\sigma$ 和 $-\sigma$。σ 值称为量化台阶。这就是说，量化器输出信号 r_k 只取两个值 $+\sigma$ 和 $-\sigma$。因此，r_k 可以用一个二进制符号表示。例如，用"1"表示"$+\sigma$"，用"0"表示"$-\sigma$"。图 3-27（b）解码器由"延迟相加电路"组成，它和编码器中的相同。所以当无传输误码时，$m_k^{*'} = m_k^*$。

在实用中，为了简单起见，通常用一个积分器来代替上述的"延迟相加电路"，并将抽样器放到相加器后面，与量化器合并为抽样判决器，如图 3-28 所示。

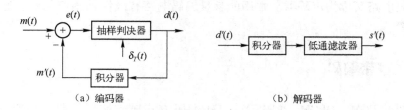

（a）编码器 　　　　　　　　　（b）解码器

图 3-28　实用增量调制原理方框图

图 3-28 中编码器输入模拟信号为 $m(t)$，它与预测信号 $m'(t)$ 值相减，得到预测误差 $e(t)$。预测误差 $e(t)$ 被周期为 T_s 的抽样冲激序列 $\delta_T(t)$ 抽样。若抽样值为正值，则判决输出电压 $+\sigma$（用"1"代表）；若抽样值为负值，则判决输出电压 $-\sigma$（用"0"代表）。这样就得到二进制输出数字信号。图 3-29 中表示了这一过程。因积分器含抽样保持电路，故图中 $m'(t)$ 为阶梯波形。

在解码器中，积分器只要每收到一个"1"码元就使其输出升高 σ，每收到一个"0"码元就使其输出降低 σ，这样就可以恢复出图 3-29 中的阶梯形电压。这个阶梯电压通过低通滤波器平滑后，就得到十分接近编码器原输入的模拟信号。

增量调制系统用于对语音编码时，要求的抽样频率达到几十 Kbps 以上，而且语音质量也不如 PCM 系统。为了提高增量调制的质量和降低编码速率，出现了一些改进方案，例如，"增量总和（$\Delta - \Sigma$）"调制、压扩式自适应增量调制等。

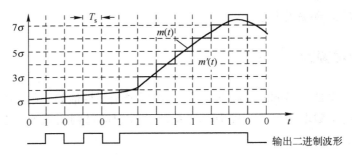

图 3-29 增量调制波形图

3.5.4 参量编码

参量编码又称为声源编码，是将信源信号在频率域或其他正交变换域提取特征参量，并将其变换成数字代码进行传输。解码为其反过程，将收到的数字序列经变换恢复特征参量，再根据特征参量重建语音信号。具体来说，参量编码是根据语音形成机理，首先分析表征语音特征的信息参数，然后对参数进行编码传输，接收端解码后根据所得的参数合成为近似原始语音。

参量编码虽然力图使重建语音信号具有尽可能高的可靠性，即保持原语音的语意，但重建信号的波形同原语音信号的波形可能会有相当大的差别。这种编码技术可实现低速率语音编码，比特率可压缩到 2 ～ 4.8Kbps，甚至更低，但语音质量只能达到中等，特别是自然度较低，连熟人都不一定能听出讲话人是谁。

参量编码电路又称为声码器。常用的参量编码电路有线性预测声码器、通道声码器、共振峰声码器等。

3.5.5 子带编码

前面介绍的 PCM、DPCM、ADPCM、ΔM 编码方式属于波形编码，其速率通常在 16 ～ 64Kbps 范围。线性预测等声码器编码方式属于参量编码。其速率通常在 4.8Kbps 以下。而子带编码是波形编码和参量编码的混合，属于混合编码。混合编码在 GSM 数字蜂窝通信中得到了应用。混合编码技术结合了波形编码和参量编码的优点，它先对语音信号进行抽样，接着分析抽样值。混合编码并不立即传输分析得到的语音参数，而是用这些参数合成语音，并将合成的样值与实际的样值相比较，通过迅速地调整一个或多个语音参数，构造出更好的模型。

子带编码 SBC（Sub-band Coding）是一种在频率域中进行数据压缩的方法。它首先将输入信号分割成几个不同的频带分量（子带），然后再分别进行编码，这类编码方式称为频域编码。频域编码将信号分解成不同频带分量的过程去除了信号的冗余度，得到了一组互不相关的信号。这与 DPCM 方式的机理虽然不同，但从去除冗余度的角度来说这两者又是相似的。

把语音信号分成若干子带进行编码主要有两个优点。首先，如果对不同的子带合理地分

配比特数，就可能分别控制各子带的量化电平以及相应的重建信号的量化误差方差值，使误差谱的形状适应人耳的听觉特性，获得更好的主观听音质量。由于语音的基音和共振峰主要集中在低频段，它们要求保存比较高的精度，所以对低频段的子带可以用较多的比特数来表示其样值，而高频段可以分配比较少的比特。其次，各子带的量化噪声相互独立，被束缚在自己的子带内，这样就避免输入电平较低的子带信号被其他子带的量化噪声所淹没。子带编码的原理框图如图 3-30 所示。

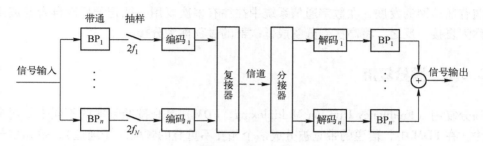

图 3-30 子带编码原理框图

在子带编码中，用带通滤波器将语音频带分割为若干个子带变成低通型信号。这样就可以使抽样速率降低到各子带频宽的两倍。各子带经过编码的子带码流通过复接器复接起来送入信道。在接收端，先经过分接器将各子带的码流分开，经过解码，移频到各原始频率位置上。各子带相加就恢复出原来的语音信号。由于各子带是分开编码的，因此可以根据各子带的特性，选择适当的编码位数，以使量化噪声最小。例如，在低频子带可安排编码位数多一些，以便保持音节和共振峰的结构；而高频子带对通信的重要性略低于低频子带，可安排较少的编码位数，这样就可以充分地压缩编码速率。

思考题

1. DPCM 和增量调制之间有什么关系？
2. DPCM 系统的量化误差取决于哪些因素？如何减小其量化误差？

3.6 复用与复接技术

3.6.1 基本概念

1. 多路复用

随着通信技术的飞速发展，人们对通信的需求越来越大。由于传输线路的投资比例占整个通信系统总投资的 65% 以上，所以提高通信线路利用率、实现多路复用始终是通信工作者研究的课题。

当一条物理信道的传输能力高于一路信号的需求时，该信道就可以被多路信号共享，例如，电话系统的干线通常有数千路信号在一根光纤中传输。多路复用就是将多路独立的信号

在同一个信道中进行互不干扰地传输，其目的是为了充分利用信道的频带或时间资源，提高信道的利用率。信号多路复用有两种常用的方法：频分复用和时分复用。时分复用通常用于数字信号的多路传输，频分复用主要用于模拟信号的多路传输，也可用于数字信号。除此外还有码分复用、空分复用、极化复用、波分复用等新的复用方法。

2. 复接和分接

随着通信网的发展，在数字通信系统中往往有多次复用，把若干低次群合并成高次群的过程称为复接。反之，将高次群分解成低次群的过程称为分接。

3.6.2　频分复用

频分复用（Frequency Division Multiplexing，FDM）是指按照频率的不同来复用多路信号的方法。在 FDM 中，信道的带宽被分成多个相互不重叠的频段（子通道），每路信号占据其中一个子通道，并且各路之间必须留有未被使用的频带（防护频带）进行分隔，以防止信号重叠。在接收端，采用适当的带通滤波器将多路信号分开，从而恢复出所需要的信号。

频分复用是在频域上将各路信号分割开来，但在时域上各路信号是混叠在一起的，广泛用于长途载波电话系统、立体声调频、电视广播等方面。

如图 3-31 所示为频分复用系统的原理框图。在发送端，首先使各路基带语音信号通过低通滤波器（LPF），以便限制各路信号的最高频率。然后，将各路信号调制到不同的载波频率上，使得各路信号搬移到各自的频段范围内，合成后送入信道传输。在接收端，采用一系列不同中心频率的带通滤波器分离出各路已调信号，它们被解调后即恢复出各路相应的基带信号。

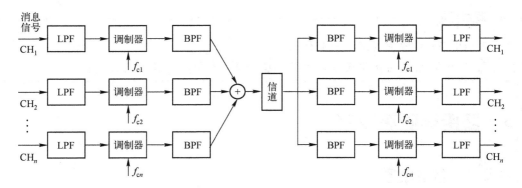

图 3-31　频分复用系统组成原理框图

为了防止相邻信号之间产生相互干扰，应合理选择载波频率 $f_{c1}, f_{c2}, \cdots, f_{cn}$，以使各路已调信号频谱之间留有一定的防护频带。

FDM 最典型的例子是在一条物理线路上传输多路语音信号的多路载波电话系统。该系统一般采用单边带调制频分复用，旨在最大限度地节省传输频带，并且使用层次结构：由 12 路电话复用为一个基群（Basic Group）；5 个基群复用为一个超群（Super Group），共 60 路电话；由 10 个超群复用为一个主群（Master Group），共 600 路电话。如果需要传输更多路

电话，可以将多个主群进行复用，组成巨群（Jumbo Group）。每路电话信号的频带限制在 300～3400Hz，为了在各路已调信号间留有防护频带，每路电话信号取 4000Hz 作为标准带宽。

如图 3-32 所示，给出了多路载波电话系统的基群频谱结构示意图。该电话基群由 12 个 LSB（下边带）组成，占用 60～108kHz 的频率范围，其中每路电话信号取 4kHz 作为标准带宽。复用中所有的载波都由一个振荡器合成，起始频率为 64kHz，间隔为 4kHz。因此，可以计算出各载波频率为

$$f_{cn} = 64 + 4(12 - n)(\text{kHz})$$

式中：f_{cn} 为第 n 路信号的载波频率，$n = 1～12$。

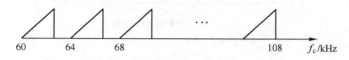

图 3-32　12 路电话基群频谱结构示意图

FDM 技术普遍应用在多路载波电话系统中。其主要优点是信道利用率高，技术成熟；缺点是设备复杂，滤波器难以制作，并且在复用和传输过程中，调制、解调等过程会不同程度地引入非线性失真，从而产生各路信号的相互干扰。

3.6.3　时分复用

时分复用（Time Division Multiplexing，TDM）是指多路信号在同一信道中轮流在不同的时间间隙互不干扰地传输。在 TDM 中，将信道时间划分为不同的帧，帧又进一步分割为不同的时隙，各个信号按照一定的顺序在每一帧中占用各自的时隙。在发送端，按照这一顺序将各路信号合成形成帧；在接收端，再从每一帧中按照这一顺序将各路信号进行分离。时分复用是在时域上将各路信号分割开来，但在频域上各路信号是混叠在一起的。

时分多路复用原理如图 3-33（a）所示。图中在发送和接收端分别有一个机械旋转开关，以抽样频率同步旋转。在发送端，此开关依次对输入信号抽样，开关旋转 1 周得到的多路信号抽样值合为 1 帧。各路信号是断续发送的。时分多路复用技术建立在抽样定理基础之上。由抽样理论可知，相邻两个抽样值之间有一定的时间空隙，利用这种空隙便可以传输其他信号的样值。例如，若语音信号用 8kHz 的速率抽样，则旋转开关应旋转 8000r/s。设旋转周期为 T_s，共有 N 路信号，则每路信号在每周中占用 T_s/N 的时间。此旋转开关采集到的信号如图 3-33（b），（c）和（d）所示。每路信号实际上是 PAM 信号。在接收端，若开关同步旋转，则对应各路的低通滤波器输入端能得到相应路的 PAM 信号。

与频分复用相比，时分复用的主要优点是：便于实现数字通信、易于制造、适于采用集成电路实现、生产成本较低。

上述时分复用基本原理中的机械旋转开关，在实际电路中是用抽样脉冲取代的。因此，各路抽样脉冲的频率必须严格相同，而且相位也需要有确定的关系，使各路抽样脉冲保持等间隔的距离。在一个多路复用设备中使各路抽样脉冲严格保持这种关系并不难，因为可以由同一时钟提供各路抽样脉冲。

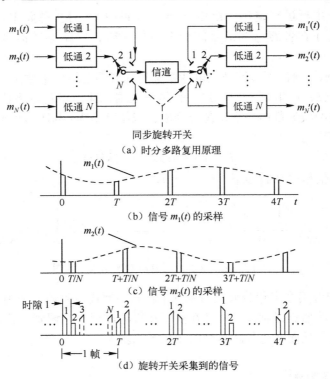

（a）时分多路复用原理

（b）信号 $m_1(t)$ 的采样

（c）信号 $m_2(t)$ 的采样

（d）旋转开关采集到的信号

图 3-33　时分多路复用原理示意图

3.6.4　数字复接

数字复接就是将多个低速率的数字信号合并成一个高速率数字信号的技术。它可以将多个低次群（如 PCM30/32 路信号）复接形成高次群。

1. 数字复接系统

数字复接系统的方框图如图 3-34 所示。

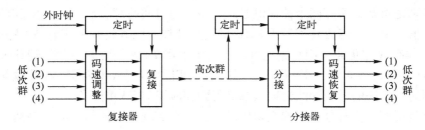

图 3-34　数字复接系统的框图

数字复接系统是由数字复接器和数字分接器两部分组成的。数字复接器是把两个或两个以上的低次群信号按时分复用方式合并成一个高次群数字信号的设备，它由发定时、码速调整和复接三个基本单元组成；数字分接器是把已经合成的高次群数字信号分解为原来的低次群数字信号的设备，它由收定时、同步、分接和码速恢复四个单元组成。

（1）定时单元的作用是为整个系统提供一个统一的基准时钟信号。复接器的时钟信号可以是内部产生的，也可以由外部提供。分接器只能从接收到的信号中提取时钟，这样才能使分接器和复接器保持时钟同步。

（2）码速调整单元的作用是把速率不同的各支路数字信号进行必要的调整，使各支路信号与定时信号同步，以便复接。若输入信号是同步的，那么只须调整相位。

（3）复接单元的作用是将速率一致的各支路信号按规定顺序复接成高次群。

（4）同步单元的作用是从合路信号中提取出帧定时信号，用它再去控制分接器定时单元。

（5）分接单元的作用是把合路分解为支路数字信号，它是复接单元的逆过程。

（6）码速恢复单元的作用是恢复出原低次群信号的码速，它是码速调整单元的逆过程。

说明：对于一个实际的双工通信系统，每一个终端设备都必须有数字复接器和数字分接器，称为复接分接器（muldex），简称数字复接器。

2. 数字复接方法

数字复接的实现主要有三种方法：按位复接、按路复接、按帧复接。

（1）按位复接。按位复接是指对每个复接支路的信号每次只复接一位码，这种复接方式设备简单、要求的存储容量小、较易实现，但对信号的交换处理不利，且要求各个支路的码速和相位必须相同。按位复接目前应用广泛。

（2）按路复接。按路复接也称按字复接。这种复接方法有利于多路合成处理和交换，保存了完整的字结构，但要求有较大的存储容量，使得电路复杂。

按位复接和按路复接的区别如表 3-6 所示。

表 3-6　按位复接和按路复接

基群 1	……	1	0	1	0	0	1	0	0	……
基群 2	……	0	1	1	1	0	1	1	1	……
基群 3	……	1	1	0	1	0	0	0	0	……
基群 4	……	1	0	1	1	1	0	1	0	……
按位复接	……	1011	0110	1101	0111	0001	1100	0101	0100	……
按路复接	……	10100100		01110111		11010000		10111010		……

（3）按帧复接。按帧复接是指每次复接一个支路的一个帧（一帧含有 256bit），这种方法的优点是复接时不破坏原来的帧结构，有利于交换，但要求更大的存储容量。

3. 数字复接方式

依照数字复接时各低次群的时钟情况，数字复接可分为同步复接、异步复接和准同步复接三种方式。

（1）同步复接。同步复接是指被复接的各个输入支路的时钟都出自同一个时钟源，即各支路的时钟频率完全相等的复接方式。复接时由于各个支路信号并非来自同一地方，各支路信号到达复接设备的传输距离不同，因此到达复接设备时各支路信号的相位不能保持相同，在复接时应先进行相位调整。例如，PCM30/32 路基群就采用这种复接方式。

（2）异步复接。异步复接是指各个输入支路的时钟不是出自同一时钟源、且又没有统一的标称频率或相应的数量关系的复接方式。这种复接方式各支路信号复接前必须进行频率和相位的调整。

（3）准同步复接。准同步复接是指参与复接的各低次群使用各自的时钟，但各支路的时钟被限制在一定的容差范围内。这种复接方式在复接前必须将各支路的码速都调整到统一的规定值后才能复接。这是目前应用最广泛的一种复接方式，在这种复接方式中必须采用码速调整技术。

3.6.5 准同步数字体系

1. E 体系的结构

ITU 提出了两个 PDH 体系的建议，即 E 体系和 T 体系。前者被我国大陆、欧洲及国际间连接采用；后者仅被北美、日本和其他少数国家和地区采用，并且北美和日本采用的标准也不完全相同。这两种建议的层次、路数和比特率的规定如表 3-7 所示。

表 3-7 准同步数字体系

	层次	比特率/（Mbps）	路数（每路 64Kbps）
E 体系	E-1	2.048	30
	E-2	8.448	120
	E-3	34.368	480
	E-4	139.264	1920
	E-5	565.148	7680
T 体系	T-1	1.544	24
	T-2	6.312	96
	T-3	32.064（日本）	480
		672	44.736（北美）
	T-4	97.728（日本）	1440
		4032	274.176（北美）
	T-5	397.200（日本）	5760
		8064	560.160（北美）

E 体系的结构如图 3-35 所示。它以 30 路 PCM 数字电话信号的复用设备为基本层（E-1），每路 PCM 信号的比特率为 64Kbps。由于需要加入群同步码元和信令码元等额外开销，所以实际占用 32 路 PCM 信号的比特率。故其输出总比特率为 2.048Mbps，此输出称为一次群信号。4 个一次群信号进行二次复用，得到二次群信号，其比特率为 8.448Mbps。按照同样的方法再次复用，得到比特率为 34.368Mbps 的三次群信号和比特率为 139.264Mbps 的四

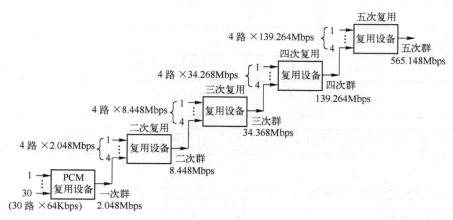

图 3-35 E 体系的结构图

次群信号等。由此可见，相邻层次群之间路数成 4 倍关系，但是比特率之间不是严格的 4 倍关系。和一次群需要额外开销一样，高次群也需要额外开销，故其输出比特率都比相应的 1 路输入比特率的 4 倍还高一些。此额外开销占总比特率很小百分比，但是当总比特率增高时，此开销的绝对值还是不小的，这很不经济。所以，当比特率更高时，就不采用这种准同步数字体系了，转而采用同步数字体系（SDH）。

2. PCM 一次群帧结构

E 体系的一次群是 E 体系的基础。如前所述，E 体系是以 64Kbps 的 PCM 信号为基础的。它将 30 路 PCM 信号合为一次群，见图 3-35。由于 1 路 PCM 电话信号的抽样频率为 8000Hz，即抽样周期为 125μs，这就是一帧的时间。将此 125μs 时间分为 32 个时隙（TS），每个时隙容纳 8b。这样每个时隙正好可以传输一个 8b 的码组。在 32 个时隙中，30 个时隙传输 30 路语音信号，另外 2 个时隙可以传输信令和同步码。

PCM 一次群的帧结构如图 3-36 所示。其中时隙 TS0 和 TS16 规定用于传输帧同步码和信令等信息；其他 30 个时隙，即 TS1～TS15 和 TS17～TS31，用于传输 30 路语音抽样值的 8b 码组。时隙 TS0 的功能在偶数帧和奇数帧又有不同。由于帧同步码每两帧发送一次，故规定在偶数帧的时隙 TS0 发送。每组帧同步码含 7b，为 "0011011"，规定占用时隙 TS0 的后 7 位。时隙 TS0 的第 1 位 "＊"供国际通信用；若不是国际链路，则它也可以给国内通信用。TS0 的奇数帧作为告警等其他用途。在奇数帧中，TS0 第 1 位 "＊" 的用途和偶数帧的相同；第 2 位的 "1" 用以区别偶数帧的 "0"，辅助表明其后不是帧同步码；第 3 位 "A" 用于远端告警，"A" 在正常状态时为 "0"，在告警状态时为 "1"；第 4～8 位保留作为维护、性能监测等其他用途，在没有其他用途时，在跨国链路上应该全为 "1"。

时隙 TS16 可以用于传输信令，但是当无需用于传输信令时，它也可以像其他 30 路一样用于传输语音。信令是电话网中传输的各种控制和业务信息，例如，电话机上由键盘发出的电话号码信息等。在电话网中传输信令的方法有两种。一种称为共路信令（Common Channel Signa-ling，CCS），另一种称为随路信令（Channel Associated Signaling，CAS）。共路信令是将各路信令通过一个独立的信令网络集中传输；随路信令则是将各路信令放在传输各路信息

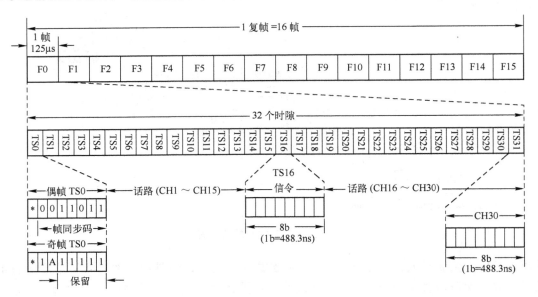

图3-36 PCM一次群帧结构

的信道中与各路信息一起传输。在此建议中为随路信令做了具体规定。采用随路信令时，需将16个帧组成一个复帧，时隙TS16依次分配给各路使用，如图3-36第一行所示。在一个复帧中按表3-8所示的结构共用此信令时隙。在F0帧中，前4bit "0000"是复帧同步码组，后4bit中 "x" 为备用，无用时它全置为 "1"，"y" 用于向远端指示告警，在正常工作状态它为 "0"，在告警状态它为 "1"。在其他帧（F1 ~ F15）中，此时隙的8bit用于传送2路信令，每路4b。由于复帧的速率是500帧/秒，所以每路的信令传送速率为2Kbps。

表3-8 随路信令

帧	bit							
	1	2	3	4	5	6	7	8
F0	0	0	0	0	x	y	x	x
F1	CH1				CH16			
F2	CH2				CH17			
F3	CH3				CH18			
...	...				...			
F15	CH15				CH30			

3.6.6 同步数字体系

1. SDH 速率等级

随着数字通信的速率不断提高，PDH体系已经不能满足需要。另外，由于ITU的建议中PDH有E和T两种体系，它们分别用于不同地区，这样不利于国际间的互连互通。于是，在1989年ITU参照美国的同步光网络（SONET）体系制定出了同步数字体系（SDH）的建议。SDH针对更高速率的传输系统制定出全球统一的标准，并且整个网络中各设备的时钟来自同一个极精确的时间标准（如铯原子钟），没有准同步系统中各设备定时存在误差的问题。在SDH中，信息是以同步传送模块（Synchronous Transport Module，STM）的信息结构传送的。按照模块的大小和传输速率不同，SDH分为若干等级，如表3-9所示。目前SDH制定了4

级标准，其容量（路数）每级翻为 4 倍，而且速率也是 4 倍的关系，在各级间没有额外开销。

2. SDH 体系结构

在 SDH 中，4 路 STM-1 可以合并成 1 路 STM-4，4 路 STM-4 可以合并成 1 路 STM-16，等等。但是，在 PDH 体系和 SDH 体系之间的连接关系就稍微复杂些。通常都是将若干路 PDH 接入 STM-1 内，即在 155.52Mbps 处接口。这时，PDH 信号的速率都必须低于 155.52Mbps，并将速率调整到 155.52 上。例如，可以将 63 路 E-1，或 3 路 E-3，或 1 路 E-4，接入 STM-1

表 3-9   SDH 速率等级

等　级	比特率/（Mbps）
STM-1	155.52
STM-4	622.08
STM-16	2488.32
STM-64	9953.28

中。对于 T 体系也可以做类似的处理。这样，在 SDH 体系中，各地区的 PDH 体制就得到了统一。SDH 体系的结构和这两种复用体系间的连接关系如图 3-37 所示。

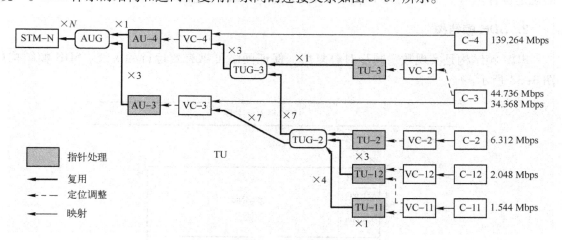

图 3-37　SDH 体系结构图

由图 3-37 可见，PDH 体系的输入信号首先进入容器 $C-n$,$(n=1\sim4)$。图中的 C-11 和 C-12 表示两种不同体系（T 体系和 E 体系）的容器 C-1。这里，容器（container）是一种信息结构，它为后接的虚容器（$VC-n$）组成与网络同步的信息有效负荷。在 SDH 网的边界处，使支路信号与虚容器相匹配的过程称为映射；在图中用细箭头指出。在 ITU 的建议中只规定有几种速率不同的标准容器和虚容器。每一种虚容器都对应一种容器。虚容器（virtual container）也是一种信息结构，它由信息有效负荷和路径开销信息组成帧。每帧长 125μs 或 500μs。虚容器有两种：低阶虚容器 $VC-n(n=1,2,3)$；高阶虚容器 $VC-n(n=3,4)$。低阶虚容器包括一个容器 $C-n$,$(n=1,2,3)$ 和低阶虚容器的路径开销。高阶虚容器包括一个容器 $C-n(n=3,4)$ 或者几个支路单元群（TUG-2 或 TUG-3），以及虚容器路径开销。虚容器的输出可以进入支路单元 $TU-n$。

一个支路单元 $TU-n(n=1,2,3)$ 也是一种信息结构，它的功能是为低阶路径层和高阶路径层之间进行适配。它由一信息有效负荷（低阶虚容器 $VC-n$）和一个支路单元指针组成。支路单元指针指明有效负荷帧起点相对于高阶虚容器帧起点的偏移量。

一个或几个支路单元称为一个支路单元群（TUG），后者在高阶 $VC-n$ 有效负荷中占据

不变的规定的位置。TUG 可以混合不同容量的支路单元以增强传送网络的灵活性。例如，一个 TUG-2 可以由相同的几个 TU-1 或一个 TU-2 组成；一个 TUG-3 可以由相同的几个 TUG-2 或一个 TU-3 组成。

图 3-37 中的管理单元 AU-$n(n=3,4)$ 也是一种信息结构，它为高阶路径层和复用段层之间提供适配。管理单元由一个信息有效负荷（高阶虚容器）和一个管理单元指针组成。此指针指明有效负荷帧的起点相对于复用段帧起点的偏移量。管理单元有两种：AU-3 和 AU-4。AU-4 由一个 VC-4 和一个管理单元指针组成，此指针指明 VC-4 相对于 STM-N 帧的相位定位调整量。AU-3 由一个 VC-3 和一个管理单元指针组成，此指针指明 VC-3 相对于 STM-N 帧的相位定位调整量。在不同情况下，管理单元指针的位置相对于 STM-N 帧总是固定的。

一个或多个管理单元称为一个管理单元群（AUG），它在一个 STM 有效负荷中占据固定的规定位置。一个 AUG 由几个相同的 AU-3 或一个 AU-4 组成。

3. SDH 帧结构

SDH 帧结构是实现数字同步时分复用、保证网络可靠有效运行的关键。SDH 帧结构如图 3-38 所示。

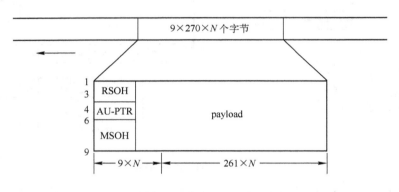

图 3-38　SDH 帧结构

一个 STM-N 帧有 9 行，每行由 $270 \times N$ 个字节组成。这样每帧共有 $9 \times 270 \times N$ 个字节，每字节为 8bit。帧周期为 $125\mu s$，即每秒传输 8000 帧。对于 STM-1 而言，传输速率为 $9 \times 270 \times 8 \times 8000 = 155.52$Mbps。字节发送顺序为：由上往下逐行发送，每行先左后右。

SDH 帧大体可分为三个部分：

（1）信息净负荷（payload）。信息净负荷是 STM-N 帧结构中存放用户信息的地方。为了实时监测信号，在将低速信号打包的过程中加入了通道开销（POH）字节。它负责对低阶通道进行通道性能监视、管理和控制。

（2）段开销（SOH）。段开销是为了保证信息净负荷正常传送所必须附加的网络运行、管理和维护（OAM）字节。段开销又分为再生段开销（RSOH）和复用段开销（MSOH），RSOH 监控的是 STM-N 整体的传输性能，而 MSOH 则是监控 STM-N 中每一个 STM-1 的性能情况。

再生段开销在 STM-N 帧中的位置是第 1 ～ 3 行的第 1 到第 $9 \times N$ 列，共 $3 \times 9 \times N$ 个字

节；复用段开销在 STM-N 帧中的位置是第 5 到第 9 行的第 1 到第 $9 \times N$ 列，共 $5 \times 9 \times N$ 个字节。

（3）管理单元指针（AU-PTR）。管理单元指针位于 STM-N 帧中第 4 行的 $9 \times N$ 列，共 $9 \times N$ 个字节，用来指示信息净负荷的第一个字节在 STM-N 帧内的准确位置，以便接收端能根据指针值准确分离信息净负荷。

指针有高、低阶之分，高阶指针是 AU-PTR，低阶指针是 TU-PTR（支路单元指针），TU-PTR 的作用类似于 AU-PTR，所指示的信息负荷要小一些。

4. SDH 网络的特点

（1）使 1.544Mbps 和 2.048Mbps 两大数字体系在 STM-1 等级上获得统一。数字信号在跨越国界通信时，不再需要转换成为另一种标准，第一次真正实现了数字传输体制上的世界性标准，给网络的互连互通提供了方便。

（2）SDH 网与现有网络能完全兼容，即可以兼容现有准同步数字体系的各种速率。同时，SDH 网还能容纳各种新的业务信号，使之具有完全的向后兼容性和向前兼容性。

（3）SDH 信号结构的设计已经考虑网路传输和交换应用的最佳性，因而在电信网的各个部分（长途、市话和用户网）中，都能提供简单的、经济的和灵活的信号互连和管理。

（4）在 SDH 的帧结构中具有丰富的用于监控和管理的开销比特，提高了网络的监控和管理功能。

思考题

1. PDH 体系中各层次的比特率间是否为整数倍关系？为什么？
2. SDH 技术具有哪些优点？

 实训 3　抽样定理与 PAM 系统实验

【实训目的】
（1）通过实验验证加深对抽样定理的理解。
（2）掌握 PAM 通信系统的组成及工作原理。

【实训器材】
通信原理实验箱、双踪示波器

【实训原理】

1. PAM 通信系统方框图

PAM 系统框图如图 3-39 所示。图中 ⊗ 代表乘法器，它实现将输入的模拟信号与抽样脉冲相乘的功能，即所谓的抽样。LPF 代表低通滤波器，它实现从已抽样的信号中恢复原模拟信号的功能。

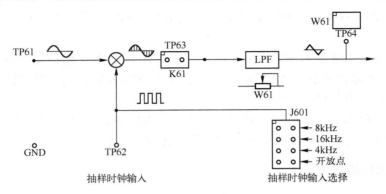

图 3-39 抽样定理与 PAM 系统原理框图

由信号发生器提供的 8kHz、16kHz 和 4kHz 三种抽样脉冲通过开关 J601 来选择。可在 TP62 处很方便地观测到脉冲频率变化情况和输出的脉冲波形。

2. 各测量点说明

TP61：外加模拟信号波形。若外加信号幅度过大，则该点信号波形被限幅电路限幅成方波了，因此信号波形幅度尽量小一些。方法是：减小信号幅度或调节通信话路终端发送放大电路中的电位器 W03。

TP62：抽样时钟输入，有四种抽样时钟的选择：等于 8kHz 抽样脉冲、大于 8kHz 抽样脉冲、小于 8kHz 抽样脉冲、外加一个频率连续变化的抽样时钟（开放点），由 J601 的选择决定。

TP63：抽样信号输出。

TP64：收端 PAM 解调信号输出。

【实训内容与要求】

（1）用示波器在 TP61 处观察输入信号波形。在 TP62 处观察其抽样时钟信号。

（2）分别将 J601 的第 1 排、第 2 排和第 3 排相连，即改变抽样频率，在 TP63、TP64 处用示波器观测系统输出波形，以判断和验证抽样定理在系统中的正确性，同时做详细记录。

 实训 4 PCM 系统实验

【实训目的】

（1）观测 PCM 编解码过程各测量点波形。

（2）分析比较各种编码条件下波形的特点。

（3）加深对 PCM 编译码过程的理解。

【实训条件】

通信原理实验箱、双踪示波器

【实训原理】

1. PCM 编解码原理框图

本实训所使用的编解码器是把编解码电路和各种滤波器集成在一个芯片上，该器件型号

为 TP3067，如图 3-40 所示为 PCM 编解码原理方框图。

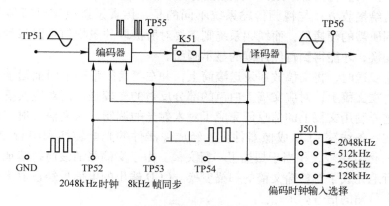

图 3-40　PCM 编解码原理方框图

2. 各测量点说明

TP51：该点为输入的模拟信号。

TP52：频率为 2048kHz 的主时钟信号。

TP53：频率为 8kHz 的分帧同步信号。

TP54：PCM 编解码的编码时钟，它由跳线开关 J501 的放置决定。

TP55：PCM 编码输出的数字信号，为 8bit 编码，其中第 1 位为语音信号编码后的符号位，后 7 位为语音信号编码后的电平值。

TP56：PCM 解码输出的模拟信号。

[实训内容与要求]

（1）改变跳线开关 J501 的放置，分别选择 2048kHz、512kHz、256kHz、128kHz 作为 PCM 的编译码的编码时钟，仔细观察 TP53、TP55 两点波形。

（2）输入信号如果失真，则表示幅度过大被限幅电路限幅成方波，要调节电位器 W03 减小幅度。

 案例分析3　图形、图像通信终端

人们在工作生活中对通信业务的需求各不相同，除了大量语音业务外，还有更多的图形、图像等多媒体业务。配合不同业务而诞生的通信终端目前已得到广泛地应用，如扫描仪、打印机、数字相机、传真机等。下面将对传真机的功能和原理进行简单分析，其中应用了本章前面介绍的抽样、量化、编码等技术，还有一些差错控制、调制解调等技术将在后续章节中介绍。

传真是目前已被广泛应用的一种图形、图像通信业务，它是把纸质介质所记录的文字、图表、照片等信息，通过光电扫描方法变为电信号，经公共电话交换网络传输后，在接收端以硬拷贝的方式得到与发送端相类似的纸介质信息。

与视频传输系统类似，要想将一幅保存在纸质介质上的文字、图表、照片等信息进行远

数字通信技术及应用

距离传输，同样需要将其分解成许多微小的像素，并按照一定的顺序将其转换为电信号后经传输线路发送给接收方；与视频传输系统不同的是，传真系统只需对所传文稿扫描传输一次，便可得到所需的硬拷贝，而视频系统则需要对所摄取的景物信息以每秒几十帧的速率连续进行扫描变换，才能得到自然连续的显示画面。

传真机在发送时，将文稿放在发送滚筒上，并在滚筒的带动下向前运动。同时，从光源发出的光照射在文稿上，对应文稿上白色的部分反射的光较强，而对应文稿上黑色的部分反射的光弱，这样利用文稿上的信息便完成了对入射光的调制。从文稿反射回来的光线经聚光镜聚焦照射在一条线阵 CCD 成像器件上，经成像器件的光电转换和串行读出形成电信号。CCD 每输出一行电信号，相当于扫描了一行文稿。由于文稿跟随滚筒持续地向前运动，传真机便一行一行地完成了对整篇文稿的扫描变换。CCD 输出的电信号经过放大与调制，成为适合于在信道上传输的信号。

在接收端，将感光记录纸放在接收滚筒上，通过传输信道发来的电信号经放大、解调后加到辉光管上。辉光管所发出的光受信号的调制，光的强弱随电信号的幅度大小而变化。该光线经透镜、光阑在感光纸上形成一个小光点使记录纸感光，由于接收滚筒的转动和光学系统的移动，使光点在记录纸上形成扫描，从而组合成与原文稿相似的复制品。

传真机虽然机型很多，功能及电路各异，但不同型号传真机的基本结构和电路组成大致相同。传真机的基本结构和电路组成可用如图 3-41 所示的功能框图来表示。

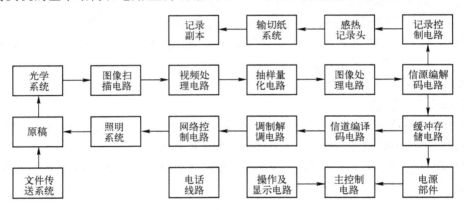

图 3-41 传真机的功能框图

图 3-41 中文件传送系统在主控制电路的控制下，将准备发送或复印的文件一页一页地自动送入扫描拾取部件中，并把原稿的进稿情况通过位置传感器通知给主控制电路，使其能根据进稿情况控制整机的工作状态；照明系统将原稿图像转换为图像光信号；光学系统将原稿的图像光信号成像在光敏组件受光表面上；图像扫描电路对原稿图像进行读取和分解，完成从图像光信号到图像电信号的转换；视频处理电路对图像原始信号进行处理，对 CCD 输出的电信号进行补偿与放大；抽样量化电路对 CCD 图像传感器输出的模拟信号进行数字化处理，转换成图像数据信号；图像处理电路参照前行对应像元与当前行像元的色调，对二值文本方式下的图像灰度数据进行处理并进行缩小控制；信源编解码电路在发送端对从图像数据处理电路送来的图像数据，进行一维或二维编码，编码过程中利用了图像数据之间的水平相关性或垂直相关性，使图像数据得到压缩，在接收端把接收到的编码图像数据恢复成对应于

原稿像素的图像信号，送至记录部件中进行记录，然后还原成与原稿一致的副本图像；信道编译码电路在发信时对传真数据进行扩张性编码提高传真通信的可靠性，当收信时将接收信号的冗余信息去除，确保传输数据的真实性；调制电路其作用是将传真数字信号转换为适于在电话线路上传输的模拟信号，使数字信源与模拟信道相匹配，解调电路的作用是将接收端的模拟信号还原成数字信号；网络控制电路用来控制传真与电话的切换、呼叫及传真信号的发送与接收；缓冲存储器主要用于解决不均匀数据流输入与均匀的数据流输出之间的匹配问题；主控制电路完成对整机的管理控制；记录控制电路在图像记录时，控制从解码电路或存储器电路送来的图像数据，串行送入记录打印头的移位寄存器，并输出锁存信号及打印驱动信号，控制图像数据的打印输出；记录头是把电信号变成对应原稿像素的可视图像的器件，所完成的功能与光电变换器件的功能相反；操作与显示电路给操作人员提供一种人机对话界面，用于机器的收发信操作、工作方式的设定及机器工作状态的指示；输切纸系统的作用主要是完成记录纸的输送与切割。

思考题

传真机是如何工作的？

知识梳理与总结3

1. 知识体系

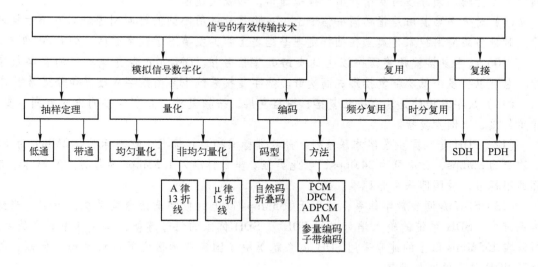

2. 知识要点

（1）PCM 是目前最常用的模拟信号数字化的方法之一。PCM 包括抽样、量化和编码三个环节。

（2）抽样定理是模拟信号数字化的理论基础。对低通型信号进行抽样时，抽样频率必须

大于或者等于被抽样信号最高频率的两倍，这样在接收端才有可能无失真地恢复原信号。语音信号（300～3400Hz）属于低通型信号，ITU-T规定其抽样频率为8000Hz。对带通型信号而言，抽样频率应不小于$f_s = 2B\left(1 + \dfrac{M}{N}\right)$，但并不是说任何大于$f_s = 2B\left(1 + \dfrac{M}{N}\right)$的抽样频率都可以从抽样信号无失真地恢复原模拟信号。已抽样的信号仍然是模拟信号，但是在时间上是离散的。

（3）量化是幅度离散化的过程。量化有均匀和非均匀之分。均匀量化存在小信号信噪比较小的缺点，不利于语音信号传输。非均匀量化可看做先压缩再进行均匀量化。量化会引入一定的量化误差，因此会带来量化噪声。非均匀量化常用的是A律13折线压缩特性。

（4）逐次反馈比较型编码器是一种重要的编码器，主要由极性判决、全波整流、比较判决和本地解码器组成。

（5）加入了自适应系统的DPCM称为ADPCM。它有两种方案，一种是预测固定，量化自适应；另一种是兼有预测自适应和量化自适应。ΔM是一种最简单的DPCM。

（6）参量编码是根据语音形成机理，首先分析表征语音特征的信息参数，然后对参数进行编码传输，接收端解码后根据所得的参数合成为近似原始语音。子带编码SBC（Sub-band Coding）是一种在频率域中进行数据压缩的方法。它首先将输入信号分割成几个不同的频带分量（子带），然后再分别进行编码。

（7）多路复用为了提高信道利用率，使多路信号在同一信道内互不干扰地传输。多路复用技术主要有频分多路复用和时分多路复用。

（8）频分多路复用是指将信道频带分割为若干小的频段，将各路信号分别调制到不同的频段进行传输。频分多路复用多用于模拟通信，如载波通信。

（9）时分多路复用是指在同一信道上，多路信号占用不同的时间间隙进行互不干扰地传输。时分多路复用技术是建立在抽样定理基础之上的，主要用于数字通信，如PCM通信。

（10）数字复接就是将两个以上的支路数字信号按TDM方式合并成单一的合路数字信号。它可以将多个低次群复接形成高次群。数字复接系统主要由数字复接器和分接器组成。

（11）数字复接的方法有按位复接、按路复接、按帧复接。数字复接的方式有同步复接、异步复接、准同步复接。

（12）PDH是准同步数字体系系列，分欧洲标准和美日标准。欧洲标准以2Mbps为基群、二次群为8Mbps、三次群为34Mbps，以此类推。美日标准以1.5Mbps为基群。欧洲标准为国际通用标准，我国即采用此标准。

（13）SDH是同步数字体系，适用于155Mbps以上的数字电话通信系统，特别是光纤通信系统中。SDH系统的输入端可以和PDH及SDH体系的信号连接，构成速率更高的系统。所以在155Mbps以上的速率采用SDH体系就解决了国家和地区之间的标准统一问题，并减小了PDH体系的额外开销。

3. 重要公式

- 低通型抽样定理 $f_s \geqslant 2f_H$

- 带通型抽样定理 $f_s \geqslant 2B\left(1 + \dfrac{M}{N}\right)$，$M = \dfrac{f_H}{B} - N$，$N$ 为 $\dfrac{f_H}{B}$ 取整

- 均匀量化间隔 $\Delta v = \dfrac{b-a}{M}$

- 均匀量化区间端点 $m_i = a + i\Delta v \qquad i = 0, 1, \cdots, M$

- 均匀量化电平 $q_i = \dfrac{m_i + m_{i-1}}{2} \qquad i = 1, 2, \cdots, M$

- 量化误差 $e(t) = m_q(kT) - m(kT)$

 单元测试 3

1. 选择题

（1）在 PCM 系统中，抽样的主要功能是_____。

A. 把时间连续的信号变为时间离散的信号

B. 把幅度连续的信号变为幅度离散的信号

C. 把模拟信号变为数字信号

D. 把数字信号变为模拟信号

（2）某基带信号的最高频率为 2.7kHz，为了能够无失真地恢复出原信号，所需的最低采样频率为_____。

A. 2.7kHz   B. 6.3kHz   C. 8.4kHz   D. 5.4kHz

（3）如果一个信号的频谱宽度为 500Hz，且最高频率为 600Hz，则根据奈奎斯特理论抽样频率应为_____。

A. 200Hz   B. 500Hz   C. 1000Hz   D. 1200Hz

（4）均匀量化的主要缺点为_____。

A. 信噪比低   B. 不便于解码   C. 小信号信噪比低   D. 不利于保密

（5）A 律 13 折线压缩特性中 A 的取值为_____。

A. 255   B. 64   C. 128   D. 87.6

（6）影响重建 PCM 编码信号精度的因素是_____。

A. 信号带宽   B. 载波频率   C. 量化采用的二进制位数   D. 波特率

（7）目前 PCM 系统采用 A 律压缩方法，每路语音的标准传输速率为_____。

A. 16Kbps   B. 32Kbps   C. 64Kbps   D. 2048Kbps

（8）ADPCM 的关键是_____。

A. 快速抽样   B. 高振幅   C. 自适应预测   D. 数字化

（9）PCM 基群一个复帧的时间是_____。

A. 0.25ms   B. 0.5ms   C. 1ms   D. 2ms

（10）PCM30/32 路系统数码率为_____。

A. 64Kbps   B. 2.048Mbps   C. 2.112Mbps   D. 8.448Mbps

2. 判断题

（1）均匀量化时小信号的量噪比大。   （   ）

（2）非均匀量化的实现方法通常是将抽样值先压缩再进行均匀量化。　　（　　）

（3）在 PCM 编码中采用自然二进制码比折叠二进制码优越。　　（　　）

（4）在 PCM 编码中采用的编码位数越多，量化噪声就越小。　　（　　）

（5）PCM 通信能完全消除量化误差。　　（　　）

（6）E 体系 PDH 二次群的信息速率是一次群信息速率的 4 倍。　　（　　）

（7）PDH 大多采用同步复接。　　（　　）

（8）异步复接需要先进行码速调整。　　（　　）

（9）字复接的过程要解决同步和复接两个问题。　　（　　）

（10）STM-4 的信息速率等于 STM-1 的信息速率的 4 倍。　　（　　）

3. 计算题

（1）如果模拟信号的频率范围为 60 ～ 1300Hz，试求其抽样频率。

（2）已知一模拟信号的频率范围为 120 ～ 166kHz，试求其抽样频率。

（3）已知信号幅度为 $+100\Delta$（Δ 为最小量阶），试按 A 律 13 折线特性将其编为 8 位 PCM 码组，并计算收发两端的量化误差。

（4）将样值 -450Δ 按照 A 律 13 折线特性编为 8 位 PCM 码，并将幅度码部分转换为 11 位线性码。

模块四

信号的可靠传输技术

教学导航 4

教	知识重点	1. 差错控制编码的基本思想、相关概念和性质。 2. 差错控制方式。 3. 奇偶监督码、行列监督码、恒比码、正反码的编码方法和特点。 4. 汉明码、循环码、卷积码的特点和构造思路。 5. Turbo 码的特点。
	知识难点	1. 汉明码、循环码、卷积码的编码方法。 2. Turbo 码的编码原理。
	推荐教学方式	1. 通过介绍蓝牙系统中差错控制技术的应用导入，强调差错控制技术的重要性，通过大家普遍应用的蓝牙技术激发学生学习兴趣。 2. 通过举例分析来介绍奇偶监督码、行列监督码、恒比码、正反码、汉明码、循环码、卷积码的编码方法和特点，帮助学生理解。 3. 通过 MATLAB 软件 Turbo 仿真编码实训，使学生建立通信仿真的概念，同时更好地理解 Turbo 码。 4. 通过介绍差错控制技术在移动通信中的应用，巩固理论知识，将理论与实际结合起来，同时拓展学生知识面。
	建议学时	12 学时
学	推荐学习方法	1. 学习时要注意差错控制编码相关概念和性质的理解。 2. 通过实例帮助理解各种差错控制编码方法。 3. 重视实训，掌握 MATLAB 的仿真操作。 4. 理论与实际结合，多了解差错控制技术和各种编码的应用。
	必须掌握的 理论知识	1. 差错控制编码的基本思想、相关概念和性质。 2. 差错控制方式。 3. 奇偶监督码、行列监督码、恒比码、正反码的编码方法和特点。 4. 汉明码、循环码、卷积码的特点和构造思路。 5. Turbo 码的特点。
	必须掌握的技能	1. 会进行奇偶监督码、行列监督码、恒比码、正反码、循环码的编码。 2. 会使用 MATLAB 软件进行简单仿真操作。

案例导入4 差错控制技术在蓝牙系统中的应用

在数字通信系统中，信源设备输出的数据信号是一串由二进制数字序列构成的比特流（bit stream），当它通过信道传输时，干扰信号有可能使某个或某些个比特的值发生变化，从而导致传输错误。任何一种可靠的通信系统都应该有能力检出并纠正这些差错，实现这种能力的前提就是对传输的数据进行差错控制编码。

蓝牙是一种开放的短距离无线通信技术规范，利用它可以在世界上的任何地方实现短距离的无线语音和数据通信。蓝牙系统工作在 2.400 ~ 2.4835GHz 的 ISM（Industrial Scientific and Medical）频段。由于 ISM 频带对公众开放，无需特许，因此使用其中的任何一个频带都有可能遇到不可预知的干扰源，例如，某些家电、无绳电话、微波炉等都可能产生干扰。如何降低通信中的误码率、提高通信的质量便是蓝牙系统中一个必须重视的问题，而差错控制编码则是解决这一问题的关键技术。

由于对语音、数据和控制信息所要求的误码率不同，蓝牙系统中采用了 4 种不同的差错控制方案：码率为 1/3 的 FEC 方案、码率为 2/3 的 FEC 方案、ARQ 方案、FEC/ARQ 自适应差错控制方式。

1. 码率为 1/3 的 FEC 方案

此方案采用码长为 3 的重复码，传输时每比特连续发送 3 次，接收端用大数判决法译码，接收时即使三位中错了一位，也可以自动纠正过来，故有很强的纠错能力。该方案在蓝牙系统中用于报头纠错及 HV1 包的语音段。

2. 码率为 2/3 的 FEC 方案

此方案采用（15，10）缩短汉明码，该码可纠正一个码字中所发生的所有单个错误，或检测出任意两个错误。此方案适用的包格式有：DM（包括 DM1，DM3，DM5）包、HV2 包、DV 包的数据段，以及 FHS 包。

3. ARQ 方案

ARQ 通常用于传输信令和控制报文等重要的数据帧。现有的无线数据网标准，如 CDPD、GSM、GPRS、WCDMA 和 CDMA 2000 等，都提供了 ARQ 选项。ARQ 工作在数据链路层。发信端将按组分成若干个数据帧进行传输，并启动计时器以防数据帧丢失。接收端在收到数据帧后需要立即回送 ACK（AC-Knowledgement）确认帧，发现数据帧出错或丢失，则回送 NACK（Negative AC-Knowledgement）确认帧。源端在收到 NACK 或者计时器超时后，会重传丢失的数据帧。收端将数据帧排序并还原成原始的分组，提交给高层（TCP）协议。ARQ 的按序提交机制确保分组提交给高层，不会因重传而打乱。这一点非常重要，否则尽管丢失的分组已经被 BS（Base Station）重传了，但分组的失序通过 TCP 确认反馈到源端，仍然会使 TCP 源端降低发送速率。

4. FEC/ARQ 自适应差错控制方式

ARQ 方式由于其工作可靠性高、实现简单，在蓝牙系统中得到了广泛的应用。但当信道

干扰严重时，由于误码率较高，ARQ 将反复请求重传，从而导致传信率极低。针对这一情况，提出一种新的解决方案：采用 FEC 与 ARQ 相结合的自适应差错控制方式。如图 4-1 所示为 FEC/ARQ 自适应差错控制系统的组成方框图，图中通信控制器 CCU 完成 HDLC 规程，实现差错控制的方式选择。

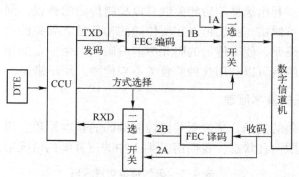

图 4-1　FEC/ARQ 自适应差错控制系统组成方框图

在 ARQ 工作方式中，TXD 数据直接由二选一开关的 1A 输入端送至数字信道机；信道机接收码由另一个二选一开关的 2A 送至 CCU RXD 端。在 FEC/ARQ 工作方式中，CCU 发出的 TXD 数据经由 FEC 板的 FEC 编码部分进行纠错编码，其编码信号送至数字信道机；信道机接收的数据经由 FEC 译码器进行译码后送至 CCU RXD 端；工作方式的选择由 CCU 根据信道误码情况来决定，CCU 送出的方式选择信号同时控制两个二选一开关。

 技术解读 4

4.1　差错控制编码

数字通信中的信源编码旨在解决有效性指标，而差错控制编码（属信道编码）则用来提高可靠性指标。

1. 引起误码的原因及误码的种类

（1）引起误码的原因。

① 系统特性的不理想。

② 噪声干扰，使得波形失真从而产生误码。

（2）误码的种类。

① 随机误码：误码前后无关，错误出现互为独立。

② 突发误码：短时间内错码连串，前后相关。

2. 提高数字通信可靠性的途径

（1）增大发送信号的功率（即提高信噪比）。

（2）合理选择调制解调方式。

（3）进行差错控制编码。

3. 差错控制编码的基本思想

差错控制编码的基本思想是通过对信息序列做某种变换，使原来彼此独立、相关性极小的信息码元产生某种相关性，从而在接收端利用这种特性来检查或进而纠正信息码元在信道传输中所造成的差错。利用消息前后相关性可以检测传输的错误，同时根据足够的多余度和前后消息的相关程度可纠错。我们可以在所传递的相互独立无关的数字信号中人为地按一定规律加入一定的多余码元，使得传输的码元中前后码元产生一定的相关性，具有一定的监督关系。这样，在接收端就可以利用这种监督关系来检测、纠正错误。

4. 差错控制编码的基本原理

下面举一重复编码的例子，来说明差错控制编码的基本原理。假设要发送天气预报的消息，且天气只有晴、阴两种状态，我们用表4-1中的三种编码情况来讨论。

表 4-1   天气预报纠错编码

编码方案	晴	阴	检、纠错能力
A	1	0	不能检、纠错
B	11	00	能发现一个错码，不能纠错
C	111	000	能发现两位错码，或纠一个错码

在编码 B 中，加一位重复监督码元，如果干扰使码元中仅一位传错，即出现"01"或"10"码，收端译码时，可发现并不存在这样的码字（禁用码），这时收端认为传输过程中出现错误，这是"11"或是"00"中的一位出错造成的，但错误到底是哪个码字造成的，难以判断，即可检出一个错，但不能纠错。在方案 C 中，将再增加一位重复监督位。当干扰误传为 110、101、011、001、010、100 时，则接收端都认为是错了，这些码字可能是错一位造成的，也可能是错两位造成的，所以，它可以发现两位错。因为传输中码字错的位数多比错的位数少出现的概率更小，例如，上面收到"110"、"101"、"011"都可以认为是由"111"错一位造成的，直接判为"111"，而"001，010，100"判为由"000"错一位造成，并纠正为"000"。

5. 差错控制方式

（1）前向纠错（FEC）。在发送端设有纠错编码电路，接收端对前向信道送来的信码不仅能发现错码，而且还能够纠正错码。这种方式的优点是不需要反馈信道，译码实时性较好，但是编译码设备较复杂。

（2）自动请求重发（ARQ）。在发送端设有检错编码电路，收端则根据编码规则对收到的信码进行译码，若收端认为有错，则给出重发指令，通过反馈信道告诉发端，发端根据重发指令将有错的那部分码元重传，直到正确接收为止。该方式的优点是译码设备简单，但需要有反馈信道，并且实时性较差。

（3）混合纠错（HEC）。HEC 方式是前两者的结合，发端经纠错编码处理后发送的码元不仅能够检测错误，而且还有一定的纠错能力，收端信号的错码数在码的纠错能力以内，则接收端自动进行纠错，如果错误较多，超出了码的纠错能力，但能检测出来，此时接收端通过反馈信道给发端发送要求重发的指令，发端将出错的信码重发。

除此之外，还可以采用检错删除和反馈检验来进行差错控制。

6. 差错控制编码分类

按照差错控制编码的不同功能可分为检错码和纠错码。检错码仅能检测误码；纠错码则兼有检错和纠错能力，当发现不可纠正的错误时可以发出错误指示。按照信息码元和附加的监督码元之间的检验关系可分为线性码和非线性码。若信息码元与监督码元之间的关系为线性关系，即满足一组线性方程式，则称为线性码。反之，则称为非线性码。常用的差错控制编码一般均为线性码，其中包含分组码和卷积码。

所谓分组码是将 k 个信息码元划分成一组，然后由这 k 个码元按照一定的规则产生 r 个监督码元，从而组成长度 $n = k + r$ 的码字。在分组码中，监督码元仅监督本码组中的信息码元。分组码一般用符号（n，k）表示。分组码的结构如图 4-2 所示。

当分组码的信息码元与监督码元的关系为线性关系时，这种分组码就称为线性分组码。在卷积码中，每个码组的监督码元不仅与本码组的信息码元有关，而且还和前面若干个码组的信息码元有关。

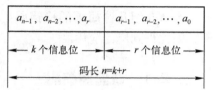

图 4-2　分组码的结构示意图

7. 差错控制编码的有关概念与性质

（1）几个术语。

① 许用码组：按照编码规则允许使用的码字。

② 禁用码组：不符合编码规则的码字。

③ 码长：码字中码元的数目。

④ 码重：码字中所含非 0 码元的个数称为该码字的码重，又称汉明重量。对于二进制码来讲，码重 w 就是码元 1 的数目，例如，码字 10100，码长 $n = 5$，码重 $w = 2$。

⑤ 码距：两个等长码字之间对应位不同的个数称为两个码字之间的码距，又称汉明距离。例如，码字 10100 与 11000 之间的码距 $d = 2$。

⑥ 最小码距：在（n，k）线性分组码中，任意两个不同码字之间的距离最小值称为该分组码的最小汉明距离，用 $d_{\min}$ 表示。它表征了各码字之间的差异程度，若 $d_{\min}$ 越大，则发生差错的概率越小，检、纠错的能力越强。

（2）码的抗干扰能力与码距的关系。理论分析证明，分组码的最小码距 $d_{\min}$ 和分组码的检、纠错能力存在如下关系：

① 如果要检测 e 个错误，则要求

$$d_{\min} \geqslant e + 1 \tag{4-1}$$

② 如果要纠正 t 个错误，则要求

$$d_{\min} \geqslant 2t + 1 \tag{4-2}$$

③ 若码字用于纠正 t 个错误，同时检测 e 个错误，则要求

$$d_{\min} \geqslant t + e + 1 \qquad (e > t) \tag{4-3}$$

（3）编码效率。通常，在差错控制编码中，监督位越多，码字的抗干扰能力就越强，但编码效率就越低。若码字中信息位数为 k，监督位数为 r，码长 $n = k + r$，则编码效率 R_C 可以

用下式表示。

$$R_C = \frac{k}{n} = \frac{n-r}{n} = 1 - \frac{r}{n} \qquad (4-4)$$

思考题

比较 FEC、ARQ 和 HEC 这三种差错控制方式的优缺点。

4.2 常用的简单抗干扰编码

本节介绍几种简单的检错码。这些码的编码很简单，但有一定的检错能力，且易于实现，因此得到广泛应用。

4.2.1 奇偶监督码

奇偶监督码又称奇偶校验码，是奇监督码和偶监督码的统称。奇偶监督码的编码方法是把信息码元先分组，然后在每组码元之后增加一位监督码元，使该码组中"1"码的数目为奇数或偶数。如果是奇监督码，加上一个监督码元以后，码长为 n 的码字中"1"的个数为奇数个。例如，若原信息码是 11101，按照奇监督码编码后变成 111011，是在信息码后面加了一个校验码"1"，使该码组中"1"的数目为奇数；如果是偶监督码，加上一个监督码元以后，码长为 n 的码字中"1"的个数为偶数个。例如，若信息码还是 11101，按照偶监督码编码后则变成 111010，是在信息码后面加了一个校验码"0"，使该码组中"1"的数目为偶数。

显然，对于偶监督码，要使码组中"1"的数目为偶数，其监督方程为

$$a_{n-1} \oplus a_{n-2} \oplus \cdots \oplus a_1 \oplus a_0 = 0 \qquad (4-5)$$

其中"$\oplus$"为模 2 加，其监督码元 a_0 可用下式表示

$$a_{n-1} \oplus a_{n-2} \oplus \cdots \oplus a_1 = a_0 \qquad (4-6)$$

对于奇监督码，要使码组中"1"的数目为奇数，其监督方程为

$$a_{n-1} \oplus a_{n-2} \oplus \cdots \oplus a_1 \oplus a_0 = 1 \qquad (4-7)$$

其监督码元 a_0 可用下式表示

$$a_{n-1} \oplus a_{n-2} \oplus \cdots \oplus a_1 \oplus 1 = a_0 \qquad (4-8)$$

可见，如果发生奇数个错误，就会破坏上述方程式。因此通过该式能检测出码字中是否发生了奇数个错误，但不能发现偶数个错误，且不能纠正错误。然而，由于解决差错的主要矛盾是单个差错，所以在一般情况下用上述奇偶监督码来检出奇数个错误，其检错效果还是令人满意的。

4.2.2 行列监督码

行列监督码又称二维奇偶监督码，有时还被称为方阵码。它不仅对水平（行）方向的码

元进行奇偶监督，而且还对垂直（列）方向的码元实施奇偶监督。

这种监督码是在上述奇偶校验码的基础上发展而来的。将奇偶校验码的若干码组排列成矩阵，即每一码组写成一行，然后再按列的方向增加校验位，如图4-3所示。图4-3中a_0^1，a_0^2，…，a_0^m为m行奇偶校验码组中的m个监督位，$c_{n-1}c_{n-2}\cdots c_0$为按列增加的n个列监督位，可见n个列监督位构成了一监督位行。行列监督码不仅能检测每行及每列中的奇数个错码，而且有可能检测偶数个错误。因为每行的监督位a_0^1，a_0^2，…，a_0^m虽然不能用于检测本行中的偶数个错误，但按列的方向有可能由c_{n-1}，c_{n-2}，…，c_0等监督位检测出来。然而有一些偶数错误则不可能检出，例如，分布在矩形的四个顶点一类的偶数个错误，如图4-3中的a_{n-2}^2，a_1^2，a_{n-2}^m和a_1^m四个码元。

$$
\begin{array}{ccccc}
a_{n-1}^1 & a_{n-2}^1 & \cdots & a_1^1 & a_0^1 \\
a_{n-1}^2 & a_{n-2}^2 & \cdots & a_1^2 & a_0^2 \\
\vdots & \vdots & & \vdots & \vdots \\
a_{n-1}^m & a_{n-2}^m & \cdots & a_1^m & a_0^m \\
c_{n-1} & c_{n-2} & \cdots & c_1 & c_0
\end{array}
$$

图4-3　行列监督码

行列监督码还具有一定的纠错能力，例如，当码组中仅在一行中有奇数个错误时，就能够确定错码位置，从而纠正它。行列监督码适用于检测突发错码（成串出现的错误），试验表明采用行列监督码可使误码率P_e降至原来的百分之一到万分之一，而前述的一维奇偶监督码一般只适于检测随机错误。

4.2.3　恒比码

在恒比码中，每个码组均含有固定数目的"1"和"0"。由于"1"的数目与"0"的数目之比保持恒定，因而称它为恒比码。恒比码又称等重码。检测时，只要计算接收码组中"1"的数目是否正确，就可判断它有无错误。恒比码应用于电报、数据通信、计算机中。我国电传机传汉字就是用五单位电码表示一位阿拉伯数字，再用四位数字表示一个汉字的。现在使用的所谓"保护电码"就是恒比码。因为每一个五单位电码都必须包含三个"1"，所以又称它为"5中取3码"，共有$C_5^3=10$种，恰好用来表示10个阿拉伯数字"0～9"，如表4-2所示。

表4-2　五单位电码（保护电码）

阿拉伯数字	保护电码	阿拉伯数字	保护电码
1	01011	6	10101
2	11001	7	11100
3	10110	8	01110
4	11010	9	10011
5	00111	0	01101

恒比码能检测出码组中所有奇数个码元错误及部分偶数个码元的错误，但不能检测在每一码组中发生的"对换错误"（即在同一码组中"1"变为"0"与"0"变为"1"的错码数目相同）。在国际电报通信中，采用"7 中取 3"恒比码，有 $C_7^3 = 35$ 种，可表示 26 个英文字母和其他符号。恒比码的优点是简单，适用于传输电传机或其他键盘设备产生的数字、字母和符号。

4.2.4 正反码

正反码是一种简单的能纠正错误的编码，其监督位数目与信息位数目相同，监督码元与信息码元是相同还是相反，则由信息码中"1"的个数来决定。通信用的正反码的码长 $n = 10$，其中信息位 $k = 5$，监督位 $r = 5$。

正反码的编码规则为：

（1）当信息位中有奇数个"1"时，监督位是信息位的重复。

（2）当信息位中有偶数个"1"时，监督位是信息位的反码。

若信息位为 11001 则码组为 1100111001；若信息位为 10001 则码组为 1000101110。

正反码的译码：先将接收码组中的信息位和监督位模 2 加得一个 5 位的合成码组，然后由该合成码组产生一个校验码组。若接收码组中的信息位中有奇数个"1"，则合成码组就是校验码组；若接收码组的信息位中有偶数"1"，则取合成码组的反码作为校验码组。最后观察校验码组中"1"的个数，按表 4-3 进行判决及纠正可能出现的错误。

表 4-3　正反码的错码对照表

序　　号	校验码组成	错 码 情 况
1	全为"0"	无错码
2	有 4 个"1"，1 个"0"	信息码中有一位错码，其位置对应校验码组中"0"的位置
3	有 4 个"0"，1 个"1"	监督码中有一位错码，其位置对应校验码组中"1"的位置
4	其他组成	错码多于 1 个

例如，发送码组为 1100111001，若无错，接收的码组仍为 1100111001。合成码组为 $11001 \oplus 11001 = 00000$。由于接收的信息码中有奇数个"1"，所以检验码组为 00000，按表 4-3 判决无错。若传输的过程中产生了错误，使接收码组变成 1000111001，则合成码组为 $10001 \oplus 11001 = 01000$。由于接收的码组有偶数个"1"，所以检验码组应取合成码组的反码，即 10111。按表 4-3 的规定，表示第 2 位信息码元有错。若接收码组错成 1100101001，合成码组为 $11001 \oplus 01001 = 10000$。由于接收的信息码中有奇数个"1"，所以检验码组为 10000，按表 4-3 判为监督位第一位为错码。若接收码组错成 1001111001，合成码组为 $10011 \oplus 11001 = 01010$。由于接收的信息码中有奇数个"1"，所以检验码组为 01010，按表 4-3 的规定，错码个数超过 1 个，不能自动纠正。

这种长度为 10 的正反码具有纠正一位错码的能力，并能检测全部两位以下的错码和大部分两位以上的错码。正反码的编码效率较低，仅为 50%。

4.3 汉明码

数学分析表明，线性分组码具有以下两个性质：

（1）封闭性：任意两个许用码组相加（模 2 加）后，所得码组仍是许用码组。

（2）最小码距：等于除全"0"码组以外的最小码重。

汉明码是一种能够纠正单个随机错误的线性分组码，它是 1950 年由汉明提出的。因其编、译码器结构简单，故得到广泛应用。

汉明码的特点：

（1）最小码距 $d_{\min}=3$，可以纠正一位错误。

（2）监督位数 $r=n-k$。

（3）信息位数 $k=2^r-r-1$。

现以 $n=7$，$k=4$ 的（7，4）汉明码为例来说明（n，k）线性分组码编码和译码的理论依据。介绍的奇偶监督码就是一种最简单的线性分组码，由于只有一位监督码，通常可以表示为（n，$n-1$），式（4-5）表示采用偶校验时的监督关系。在接收端解码时，实际上就是在计算

$$S = a_{n-1} \oplus a_{n-2} \oplus \cdots \oplus a_1 \oplus a_0 \tag{4-9}$$

式中，a_{n-1}、a_{n-2}、$\cdots$、a_1 表示接收到的信息位；a_0 表示接收到的监督位。

若 $S=0$，就认为无错；若 $S=1$ 就认为有错。式（4-9）被称为监督关系式，S 称为校正子。由于校正子 S 的取值只有"0"和"1"两种状态，因此，它只能表示有错和无错这两种信息，而不能指出错码的位置。

如果监督位增加一位，即变成两位，则能增加一个类似于式（4-9）的监督关系式，计算出两个校正子 S_1 和 S_2，而 S_1S_2 共有四种组合：00，01，10，11，可以表示 4 种不同的信息。除了用 00 表示无错以外，其余 3 种状态就可用于指示 3 种不同的误码位置。

同理，由 r 个监督方程式计算得到的校正子有 r 位，可以用来指示 2^r-1 个误码位置。对于码组长度为 n、信息码元为 k 位，监督码元为 $r=n-k$ 位的分组码，如果希望用 r 个监督位构造出 r 个监督关系来指示一位错码的 n 种可能，则要求

$$2^r-1 \geqslant n \quad \text{或} \quad 2^r \geqslant k+r+1 \tag{4-10}$$

下面通过一个例子来说明线性分组码是如何构造的。

设分组码（n，k）中 $k=4$，为了能够纠正一位错误，由式（4-10）可以看到，要求监督位数 $r \geqslant 3$，若取 $r=3$，则 $n=k+r=7$。因此，可以用 $a_6a_5a_4a_3a_2a_1a_0$ 表示这 7 个码元，用 S_3、S_2、S_1 三位校正子码与误码位置的关系见表 4-4（当然，也可以规定成另一种对应关系，这并不影响讨论的一般性）。

表4-4　校正子码与误码位置

S_1	S_2	S_3	误码位置	S_1	S_2	S_3	误码位置
0	0	1	a_0	1	0	1	a_4
0	1	0	a_1	1	1	0	a_5
1	0	0	a_2	1	1	1	a_6
0	1	1	a_3	0	0	0	无错

由表4-4中规定可以看到，仅当一错码位置在 a_2、a_4、a_5 或 a_6 时，校正子 S_1 为1；否则 S_1 为0。这就意味为着 a_2、a_4、a_5 和 a_6 四个码元构成偶数监督关系：

$$S_1 = a_2 \oplus a_4 \oplus a_5 \oplus a_6 \tag{4-11a}$$

同理，a_1、a_3、a_5 和 a_6 构成偶数监督关系：

$$S_2 = a_1 \oplus a_3 \oplus a_5 \oplus a_6 \tag{4-11b}$$

以及 a_0、a_3、a_4 和 a_6 构成偶数监督关系：

$$S_3 = a_6 \oplus a_4 \oplus a_3 \oplus a_0 \tag{4-11c}$$

在发送端编码时，a_6、a_5、a_4 和 a_3 是信息码元，它们的值取决于输出信号，因此是随机的。a_2、a_1 和 a_0 是监督码元，它们的值由监督关系来确定，即监督位应使式（4-11）的三个表达式中的 S_3、S_2、S_1 的值为零（表示编成的码组中应无错误码），这样式（4-11）的三个表达式可以表示成下面的方程组形式

$$\begin{cases} a_6 \oplus a_5 \oplus a_4 \oplus a_2 = 0 \\ a_6 \oplus a_5 \oplus a_3 \oplus a_1 = 0 \\ a_6 \oplus a_4 \oplus a_3 \oplus a_0 = 0 \end{cases} \tag{4-12}$$

由式（4-12）经移项运算，可解出监督位

$$\begin{cases} a_6 \oplus a_5 \oplus a_4 = a_2 \\ a_6 \oplus a_5 \oplus a_3 = a_1 \\ a_6 \oplus a_4 \oplus a_3 = a_0 \end{cases} \tag{4-13}$$

接收端收到每个码组后，计算出 S_1、S_2 和 S_3，如果不全为0，则可按表4-4确定误码的位置，然后予以纠正。例如，接收码组为0000011，可算出 $S_1 S_2 S_3 = 110$，由表4-4可知在 a_3 位置上有一误码。

不难看出，上述（7，4）码的最小码距 $d_{\min} = 3$，因此，它能纠正一个误码或检测两个误码。若超出纠错能力，则反而会因"乱纠"而增加新的误码。

4.3.1　监督矩阵 H 和生成矩阵 G

式（4-12）所述（7，4）码的三个监督方程式可以重新改写为如下形式：

$$\begin{cases} 1 \cdot a_6 + 1 \cdot a_5 + 1 \cdot a_4 + 0 \cdot a_3 + 1 \cdot a_2 + 0 \cdot a_1 + 0 \cdot a_0 = 0 \\ 1 \cdot a_6 + 1 \cdot a_5 + 0 \cdot a_4 + 1 \cdot a_3 + 0 \cdot a_2 + 1 \cdot a_1 + 0 \cdot a_0 = 0 \\ 1 \cdot a_6 + 0 \cdot a_5 + 1 \cdot a_4 + 1 \cdot a_3 + 0 \cdot a_2 + 0 \cdot a_1 + 1 \cdot a_0 = 0 \end{cases} \tag{4-14}$$

对于式（4-14）可以用矩阵形式来表示：

 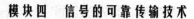

$$\begin{bmatrix} 1 & 1 & 1 & 0 & 1 & 0 & 0 \\ 1 & 1 & 0 & 1 & 0 & 1 & 0 \\ 1 & 0 & 1 & 1 & 0 & 0 & 1 \end{bmatrix} \begin{bmatrix} a_6 & a_5 & a_4 & a_3 & a_2 & a_1 & a_0 \end{bmatrix}^T = \begin{bmatrix} 0 \\ 0 \\ 0 \end{bmatrix} \quad (4\text{-}15)$$

上式可以记做：$\boldsymbol{H}\boldsymbol{A}^T = \boldsymbol{O}^T$ 或 $\boldsymbol{A}\boldsymbol{H}^T = \boldsymbol{O}$，其中

$$\boldsymbol{H} = \begin{bmatrix} 1 & 1 & 1 & 0 & \vdots & 1 & 0 & 0 \\ 1 & 1 & 0 & 1 & \vdots & 0 & 1 & 0 \\ 1 & 0 & 1 & 1 & \vdots & 0 & 0 & 1 \end{bmatrix} = \begin{bmatrix} \boldsymbol{P} & \boldsymbol{I}_r \end{bmatrix} \quad (4\text{-}16a)$$

$$\boldsymbol{A} = \begin{bmatrix} a_6 & a_5 & a_4 & a_3 & a_2 & a_1 & a_0 \end{bmatrix} \quad (4\text{-}16b)$$

$$\boldsymbol{O} = \begin{bmatrix} 0 & 0 & 0 \end{bmatrix} \quad (4\text{-}16c)$$

右上标"T"表示将矩阵转置。例如，$\boldsymbol{H}^T$ 是 $\boldsymbol{H}$ 的转置，即 $\boldsymbol{H}^T$ 的第一行为 $\boldsymbol{H}$ 的第一列，$\boldsymbol{H}^T$ 的第二行为 $\boldsymbol{H}$ 的第二列，等等。

通常 $\boldsymbol{H}$ 称为监督矩阵，$\boldsymbol{A}$ 称为信道编码得到的码字。在这个例子中，$\boldsymbol{P}$ 为 $r \times k$ 阶矩阵，$\boldsymbol{I}_r$ 为 $r \times r$ 阶单位矩阵，具有这种特性的 $\boldsymbol{H}$ 矩阵称为典型监督矩阵。典型形式的监督矩阵各行是线性无关的，非典型形式的监督形式的监督矩阵可以经过行或列的运算化为典型形式。对于式（4-13）也可以用矩阵形式来表示

$$\begin{bmatrix} a_2 \\ a_1 \\ a_0 \end{bmatrix} = \begin{bmatrix} 1 & 1 & 1 & 0 \\ 1 & 1 & 0 & 1 \\ 1 & 0 & 1 & 1 \end{bmatrix} \begin{bmatrix} a_6 \\ a_5 \\ a_4 \\ a_3 \end{bmatrix} \text{或者}$$

$$\begin{bmatrix} a_2 & a_1 & a_0 \end{bmatrix} = \begin{bmatrix} a_6 & a_5 & a_4 & a_3 \end{bmatrix} \begin{bmatrix} 1 & 1 & 1 \\ 1 & 1 & 0 \\ 1 & 0 & 1 \\ 0 & 1 & 1 \end{bmatrix} = \begin{bmatrix} a_6 & a_5 & a_4 & a_3 \end{bmatrix} \boldsymbol{Q} \quad (4\text{-}17)$$

比较式（4-16a）和式（4-17）可以看到 $\boldsymbol{Q} = \boldsymbol{P}^T$，如果在 $\boldsymbol{Q}$ 的左边加上一个 $k \times k$ 的单位矩阵，就形成一个新矩阵 $\boldsymbol{G}$

$$\boldsymbol{G} = \begin{bmatrix} \boldsymbol{I}_k & \boldsymbol{Q} \end{bmatrix} = \begin{bmatrix} 1 & 0 & 0 & 0 & \vdots & 1 & 1 & 1 \\ 0 & 1 & 0 & 0 & \vdots & 1 & 1 & 0 \\ 0 & 0 & 1 & 0 & \vdots & 1 & 0 & 1 \\ 0 & 0 & 0 & 1 & \vdots & 0 & 1 & 1 \end{bmatrix} \quad (4\text{-}18)$$

$\boldsymbol{Q}$ 为 $k \times r$ 阶矩阵，$\boldsymbol{I}_k$ 为 $k \times k$ 阶单位矩阵，具有这种特性的 $\boldsymbol{G}$ 矩阵称为典型生成矩阵，利用它可以产生整个码组，即有

$$\boldsymbol{A} = \boldsymbol{M}\boldsymbol{G} = \begin{bmatrix} a_6 & a_5 & a_4 & a_3 \end{bmatrix} \boldsymbol{G} \quad (4\text{-}19)$$

利用式（4-19）产生的分组码必为系统码，也就是信息码元保持不变，监督码元附加在其后。

4.3.2　校正子 S

在发送端，信息码元利用式（4-19）产生线性分组码 $\boldsymbol{A}$，在传输过程中有可能出现误

码，设接收到的码组为 B，则收发码组之差为

$$B - A = \begin{bmatrix} b_{n-1} & b_{n-2} & \cdots & b_0 \end{bmatrix} - \begin{bmatrix} a_{n-1} & a_{n-2} & \cdots & a_0 \end{bmatrix}$$
$$= E = \begin{bmatrix} e_{n-1} & e_{n-2} & \cdots & e_0 \end{bmatrix} \tag{4-20}$$

这里 $e_i = \begin{cases} 0 & b_i = a_i \\ 1 & b_i \neq a_i \end{cases}$，$e_i = 1$，表示 i 位有错；$e_i = 0$，表示 i 位无错。基于这样的原则接收端利用接收到的码组 B 计算校正子

$$S = BH^{\mathrm{T}} = (A + E)H^{\mathrm{T}} = AH^{\mathrm{T}} + EH^{\mathrm{T}} = 0 + EH^{\mathrm{T}} = EH^{\mathrm{T}} \tag{4-21}$$

因此，校正子仅与 E 有关，即错误图样与校正子之间有确定关系。

对于上述（7，4）码，校正子 S 与错误图样的对应关系可由式（4-21）求得，其计算结果如表4-5所示。

表4-5 （7，4）码校正子与错误图样的对应关系

序　号	错误码位	E							S		
		e_6	e_5	e_4	e_3	e_2	e_1	e_0	S_3	S_2	S_1
0	/	0	0	0	0	0	0	0	0	0	0
1	b_0	0	0	0	0	0	0	1	0	0	1
2	b_1	0	0	0	0	0	1	0	0	0	1
3	b_2	0	0	0	1	0	0	0	0	1	0
4	b_3	0	0	0	1	0	0	0	0	1	1
5	b_4	0	0	1	0	0	0	0	1	0	1
6	b_5	0	1	0	0	0	0	0	1	1	0
7	b_5	1	0	0	0	0	0	0	1	1	1

思考题

1. 什么是线性分组码？它具有哪些重要的性质？

2. 汉明码的纠错能力如何？

4.4 循环码

循环码是线性分组码的一个重要分支，也是目前研究得最成熟的一类码。它有许多特殊的代数性质，这些性质有助于简化编译码方法。循环码具有较强的检错和纠错能力。循环码除了具有线性分组码的一般性质外，还有一个最大的特点就是码字的循环特性。所谓循环特性是指：循环码中任一许用码组经过循环移位后（不论是左移还是右移，也不论移多少位）所得到的码组仍然是该码字集合中的码字。

例如，表4-6给出了一种（7，3）循环码的全部码字，由此表可以直观地看出这种码的循环特性。例如，表中的第2码字向右移一位，即得到第5码字；第6码字组向右移一位，即得到第3码字。一般来说，若 $(a_{n-1} a_{n-2} \cdots a_1 a_0)$ 为一组循环码组，则 $(a_{n-2} a_{n-3} \cdots$

a_0a_{n-1}）、（$a_{n-3}a_{n-4}\cdots a_{n-1}a_{n-2}$）、（$a_0a_{n-1}\cdots a_2a_1$）也都是该循环码的码组。

表4-6　一种（7，3）循环码的全部码字

序　号	码　字		序　号	码　字	
	信息位 $a_6a_5a_4$	监督位 $a_3a_2a_1a_0$		信息位 $a_6a_5a_4$	监督位 $a_3a_2a_1a_0$
1	0 0 0	0 0 0 0	5	1 0 0	1 0 1 1
2	0 0 1	0 1 1 1	6	1 0 1	1 1 0 0
3	0 1 0	1 1 1 0	7	1 1 0	0 1 0 1
4	0 1 1	1 0 0 1	8	1 1 1	0 0 1 0

4.4.1　码多项式

为了便于利用代数理论研究循环码，可以将码组用代数多项式来表示，即把码组中各码元当做一个多项式的系数，这个多项式被称为码多项式。对于循环码 $A = (a_{n-1}a_{n-2}\cdots a_1a_0)$，可以将它的码多项式表示为：

$$A(x) = a_{n-1}x^{n-1} \oplus a_{n-2}x^{n-2} \oplus \cdots \oplus a_1x \oplus a_0 \qquad (4-22)$$

对于二进制码组，多项式的每个系数不是 0 就是 1，x 仅是码元位置的标志。因此，这里并不关心 x 的取值。而表 4-6 中任一码组可以表示为

$$A(x) = a_6x^6 \oplus a_5x^5 \oplus a_4x^4 \oplus a_3x^3 \oplus a_2x^2 \oplus a_1x^1 \oplus a_0$$

例如，表 4-6 中的第 7 码字可以表示为：

$$A_7(x) = 1 \cdot x^6 \oplus 1 \cdot x^5 \oplus 0 \cdot x^4 \oplus 0 \cdot x^3 \oplus 1 \cdot x^2 \oplus 0 \cdot x \oplus 1$$
$$= x^6 \oplus x^5 \oplus x^2 \oplus 1 \qquad (4-23)$$

模 2 运算的规则定义如下：

模 2 加　　$0 \oplus 0 = 0$　　　　$0 \oplus 1 = 1$　　　　$1 \oplus 0 = 1$　　　　$1 \oplus 1 = 0$

模 2 乘　　$0 \times 0 = 0$　　　　$0 \times 1 = 0$　　　　$1 \times 0 = 0$　　　　$1 \times 1 = 1$

因此，若一个整数 m 可以表示为

$$\frac{m}{n} = Q \oplus \frac{p}{n} \qquad p < n \qquad (4-24)$$

式（4-24）中，Q 是整数。则在模 n 运算下，有

$$m \equiv p$$

这就是说，在模 n 运算下，一整数 m 等于其被 n 除得的余数。在码多项式运算中也有类似的按模运算法则。若一任意多项式 $F(x)$ 被一 n 次多项式 $N(x)$ 除，得到商式 $Q(x)$ 和一个次数小于 n 的余式 $R(x)$，即

$$\frac{F(x)}{N(x)} = Q(x) \oplus \frac{R(x)}{N(x)} \qquad (4-25)$$

则可以写为：$F(x) \equiv R(x)$（模 $N(x)$）。这时，码多项式系数仍按模 2 运算，即只取值 0 和 1。例如，$x^4 \oplus x^2 \oplus 1$ 除以 $x^3 \oplus 1$，可得

$$\frac{x^4 \oplus x^2 \oplus 1}{x^3 \oplus 1} = x \oplus \frac{x^2 \oplus x \oplus 1}{x^3 \oplus 1} \qquad (4-26)$$

注意，在上述运算中，由于是模 2 运算，因此，加法和减法是等价的，这样式（4-26）也可以表示为

$$x^4 \oplus x^2 \oplus 1 \equiv x^2 \oplus x \oplus 1 \qquad (\text{模 } x^3 + 1) \tag{4-27}$$

在循环码中，若 $A(x)$ 是一个长为 n 的许用码组，则 $x^i \cdot A(x)$ 在按模 $x^n + 1$ 运算下，也是一个许用码组，即假如

$$x^i \cdot A(x) \equiv A'(x) \qquad (\text{模 } x^n + 1) \tag{4-28}$$

可以证明 $A'(x)$ 也是一个许用码组，并且，$A'(x)$ 正是 $A(x)$ 代表的码组向左移位 i 次的结果。例如，由式（3-30）表示的循环码，其码长 $n = 7$，现给定 $i = 3$，则

$$
\begin{aligned}
x^3 \cdot A(x) &= x^3 \cdot (x^6 \oplus x^5 \oplus x^2 \oplus 1) = (x^9 \oplus x^8 \oplus x^5 \oplus x^3) \\
&= (x^5 \oplus x^3 \oplus x^2 \oplus x)(\text{模 } x^7 \oplus 1)
\end{aligned} \tag{4-29}
$$

其对应的码组为 0101110，它正是表 4-6 中的第三个码字。通过上述分析和演算可以得到一个重要的结论：一个长度 n 的循环码，它必为按模（$x^n \oplus 1$）运算的一个余式。

4.4.2 循环码的生成多项式和生成矩阵

在循环码中，一个 (n, k) 码有 2^k 个不同的码组。若用 $g(x)$ 表示其中前 $k-1$ 位皆为 "0" 的码组，则 $g(x), xg(x), x^2g(x), \cdots, x^{k-1}g(x)$ 都是码组，而且这 k 个码组是线性无关的。因此它们可以用来构成此循环码的生成矩阵。可以证明生成多项式 $g(x)$ 具有以下特性：

（1）$g(x)$ 是一个常数项为 1 的 $r = n - k$ 次多项式。

（2）$g(x)$ 是 $x^n \oplus 1$ 的一个因式。

（3）该循环码中其他码多项式都是 $g(x)$ 的倍式。

为了保证构成的生成矩阵 $\boldsymbol{G}$ 的各行线性不相关，通常用 $g(x)$ 来构成生成矩阵，这时，生成矩阵 $\boldsymbol{G}(x)$ 可以表示成为

$$
\boldsymbol{G}(x) = \begin{bmatrix} x^{k-1} \cdot g(x) \\ x^{k-2} \cdot g(x) \\ \vdots \\ x \cdot g(x) \\ g(x) \end{bmatrix} \tag{4-30}
$$

式（4-30）中，$g(x) = x^r \oplus a_{x-1}x^{r-1} \oplus \cdots \oplus a_1x \oplus 1$，因此，一旦生成多项式 $g(x)$ 确定以后，该循环码的生成矩阵就可以确定，进而该循环码的所有码字就可以确定。显然，式（4-30）不符合 $\boldsymbol{G} = \begin{bmatrix} \boldsymbol{I}_k & \boldsymbol{Q} \end{bmatrix}$ 形式，所以此矩阵不是典型形式，不过，可以通过简单的代数变换将它化为典型矩阵。

现在以表 4-6 的 $(7, 3)$ 循环码为例，来构成它的生成矩阵和生成多项式。从表中可以看出，其生成多项式可以用第 2 码字构造：

$$g(x) = A_1(x) = x^4 \oplus x^2 \oplus x \oplus 1 \tag{4-31}$$

因为 $n = 7$，$r = 4$，则：

$$
\boldsymbol{G}(x) = \begin{bmatrix} x^2 g(x) \\ x g(x) \\ g(x) \end{bmatrix} = \begin{bmatrix} x^6 \oplus x^4 \oplus x^3 \oplus x^2 \\ x^5 \oplus x^3 \oplus x^2 \oplus x \\ x^4 \oplus x^2 \oplus x \oplus 1 \end{bmatrix} \tag{4-32}
$$

$$G = \begin{bmatrix} 1 & 0 & 1 & 1 & 1 & 0 & 0 \\ 0 & 1 & 0 & 1 & 1 & 1 & 0 \\ 0 & 0 & 1 & 0 & 1 & 1 & 1 \end{bmatrix} \qquad (4-33)$$

在上面的例子中，是利用表 4-6 给出的（7，3）循环码的所有码字，构造它的生成多项式和生成矩阵。但在实际循环码设计过程中，通常只给出码长和信息位数，这就需要设计生成多项式和生成矩阵，这时可以利用 $g(x)$ 所具有的基本特性进行设计。生成多项式 $g(x)$ 是 $x^n \oplus 1$ 的一个因式，其次 $g(x)$ 是一个 r 的因式。因此，就可以先对 $x^n \oplus 1$ 进行因式分解，找到它的 r 次因式即为生成多项式 $g(x)$。例如，$x^7 + 1$ 进行因式分解得：

$$x^7 \oplus 1 = (x \oplus 1)(x^3 \oplus x^2 \oplus 1)(x^3 \oplus x \oplus 1) \qquad (4-34)$$

为了求（7，3）循环码生成多项式 $g(x)$，要从式（3-37）中找到 $r = n - k$ 次的因子。不难看出，这样的因子有两个，即：

$$(x \oplus 1)(x^3 \oplus x^2 \oplus 1) = x^4 \oplus x^2 \oplus x \oplus 1 \qquad (4-35)$$

$$(x \oplus 1)(x^3 \oplus x \oplus 1) = x^4 \oplus x^3 \oplus x^2 \oplus 1 \qquad (4-36)$$

以上两式都可以生成多项式用。不过，选用的生成多项式不同，产生出的循环码组就不同。用式（4-35）作为生成多项式产生的循环码表即为表 4-6 所列。

4.4.3 循环码的编译码方法

1. 编码过程

编码的任务是在已知信息位的条件下求得循环码的码组，而我们要求得到的是系统码，即码组前 k 位为信息位，后 $n - k$ 位是监督位。设信息位的码多项式为：

$$m(x) = m_{k-1}x^{k-1} \oplus m_{k-2}x^{k-2} \oplus \cdots \oplus m_1 x \oplus m_0 \qquad (4-37)$$

其中系数 m_i 为 1 或 0。(n, k) 循环码的码多项式的最高幂次是 $n - 1$ 次，而信息位是在它的最前面 k 位，因此信息位在循环码的码多项式中应表现为多项式 $x^{n-k}m(x)$（最高次幂为 $n - k + k - 1 = n - 1$）。

根据上述原理可以得到一个较简单的系统循环码编码方法：设要产生 (n, k) 循环码，$m(x)$ 表示信息多项式，则其次数必小于 k，而 $x^{n-k}m(x)$ 的次数必小于 n，用 $x^{n-k}m(x)$ 除以 $g(x)$，可得余数 $r(x)$，$r(x)$ 的次数必小于 $(n - k)$，将 $r(x)$ 加到信息位后作为监督位，就得到系统循环码。由此，可得到循环码的编码规则：

（1）用 x^{n-k} 乘 $m(x)$。这一运算实际上是把信息码后附加上 $(n - k)$ 个 "0"。即 "0" 的个数与生成多项式的次数一致。例如，信息码为 110，它相当于 $m(x) = x^2 \oplus x$。当 $n - k = 7 - 3 = 4$ 时，$x^{n-k}m(x) = x^6 \oplus x^5$，它相当于 1100000。

（2）求 $r(x)$，即用 $g(x)$ 除 $x^{n-k}m(x)$，得到商 $q(x)$ 和余数 $r(x)$。也就是：

$$\frac{x^{n-k}m(x)}{g(x)} = q(x) \oplus \frac{r(x)}{g(x)} \qquad (4-38)$$

这样就得到 $r(x)$。

（3）编码输出系统循环码多项式 $A(x)$ 为：

$$A(x) = x^{n-k}m(x) \oplus r(x) \qquad (4-39)$$

例如，对于（7，3）循环码，若选用 $g(x) = x^4 \oplus x^2 \oplus x \oplus 1$，信息码 110 时，则

$$\frac{x^{n-k}m(x)}{g(x)} = \frac{x^6 \oplus x^5}{x^4 \oplus x^2 \oplus x \oplus 1} = (x^2 \oplus x \oplus 1) \oplus \frac{x^2 \oplus 1}{x^4 \oplus x^2 \oplus x \oplus 1} \qquad (4\text{-}40)$$

上式相当于

$$\frac{1100000}{10111} = 111 \oplus \frac{101}{10111}$$

这时的编码输出为：1100101。上述三步编码过程，在硬件实现时，可以利用除法电路来实现，这里的除法电路采用一些移位寄存器和模 2 加法器来构成。下面以（7，3）循环码为例，来说明具体实现过程。该（7，3）循环码的生成多项式为：$g(x) = x^4 + x^2 + x + 1$，则构成的系统循环码编码器如图 4-4 所示，图中有 4 个移位寄存器（a，b，c，d），一个双刀双掷开关 S。当信息位输入时，开关 S 倒向下，输入的信息码一方面送到除法器进行运算，另一方面直接输出。当信息位全部进入除法器后，开关 S 位置转向上，这时输出端接到移位寄存器的输出，将移位寄存器中存储的除法余项依次取出。

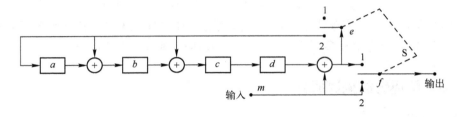

图 4-4　（7，3）循环码编码器

当信息码为 110 时，编码器的工作过程如表 4-7 所示。

表 4-7　编码器工作过程

输入（m）	移位寄存器（$abcd$）	反馈（e）	输出（f）
0	0000	0	0
1	1110	1	1
1	1001	1	1
0	1010	1	0
0	0101	0	0
0	0010	1	1
0	0001	0	0
0	0000	1	1

2. 译码过程

对于接收端译码的要求通常有两个：检错与纠错。达到检错目的的译码十分简单，由于任一码组多项式 $A(x)$ 都应能被生成多项式 $g(x)$ 整除，所以在接收端可以将接收码组 $R(x)$ 用原生成多项式 $g(x)$ 去除。当传输中未发生错误时，接收码组与发送码组相同，即 $R(x) = A(x)$，故接收码组 $R(x)$ 必定能被 $g(x)$ 整除；若码组在传输的过程中发生错误，则 $R(x) \neq$

$A(x)$，$R(x)$被$g(x)$除时可能除不尽而有余项，即有

$$\frac{R(x)}{g(x)} = Q(x) \oplus \frac{r(x)}{g(x)} \tag{4-41}$$

因此，我们就以余项是否为零来判别码组中有无错码。这里还需要指出一点，如果信道中错码的个数超过了这个编码的检错能力，恰好使有错码的接收码组能被$g(x)$所整除，这时的错码就不能检测出了。这种错误称为不可检错误。

> **思考题**
>
> 循环码的主要特点是什么？

4.5　卷积码

卷积码和分组码的不同之处是它在任意给定时间单元内，编码器的n个输出不仅与本时间单元的k个输入码元有关，而且和前$N-1$个时间单元的输入码元有关，N称为约束度。此种约束关系使已编码序列的相邻码字之间存在某种相关性，使该序列可以看成是输入序列经某种卷积运算的结果，因此而得名。利用此种相关性又导出了维特比译码算法。它是一种最佳的译码算法，并具有一定的克服突发错误的能力，在编码调制和卫星通信中都有应用。

卷积码的规律性不同于分组码。在一个二进制分组码(n, k)当中，包含k个信息，码组长度为n，每个码组的$(n-k)$个校验位仅与本码组的k个信息位有关，即(n, k)分组码的规律性完全局限在各码组之内，而与其他码组无关。为了达到一定的纠错能力和编码效率（$R_c = k/n$），分组码的码组长度n通常都比较大。编译码时必须把整个信息码组存储起来，由此产生的延时随着n的增加而线性增加。

为了减少这个延迟，人们提出各种解决方案，其中卷积码就是一种较好的信道编码方式。这种编码方式同样是把k个信息比特编成n个比特，但k和n通常很小，特别宜于以串行形式传输信息，减少编码延时。

与分组码不同，卷积码每个(n, k)码段（也称字码）的n个码元不仅与该码段的信息元k有关，且与前面$m = (N-1)$段的信息元有关，这N段时间内的码元数目nN通常被称为这种码的约束长度。

卷积码的监督元对本码段以及前面m段内的信息元均起监督的作用，能用线性方程组描述码规律性的卷积码称为线性卷积码。

下面通过一个例子来简要说明卷积码的编码工作原理。正如前面已经指出的那样，卷积码编码器在一段时间内输出的n位码，不仅与本段时间内的k位信息位有关，这里的$m = N-1$。通常(n, k, m)表示卷积码（注意：有些文献中也用(n, k, N)来表示卷积码）。图4-5就是一个卷积码编码器，该卷积码的$n = 2$，$k = 1$，$m = 2$，因此，它的约束长度$nN = n \times (m+1) = 2 \times 3 = 6$。

在图4-5中，m_1与m_2为移位寄存器，它们的

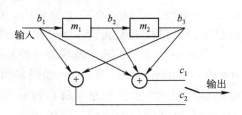

图4-5　(2, 1, 2) 卷积码编码器

起始状态均为零。c_1、c_2 与 b_1、b_2、b_3 之间的关系如下：

$$c_1 = b_1 + b_2 + b_3 \qquad (4\text{-}42)$$

$$c_2 = b_1 + b_3 \qquad (4\text{-}43)$$

假如输入的信息为 $D = [11010]$，为了使信息 D 全部通过移位寄存器，还必须在信息位后面加 3 个零。表 4-8 列出了对信息 D 进行卷积编码时的状态。

表 4-8　信息 D 进行卷积编码时的状态

输入信息 D	1	1	0	1	0	0	0	0
$b_3 b_2$	00	01	11	10	01	10	00	00
输出 $c_1 c_2$	11	01	01	00	10	11	00	00

描述卷积码的方法有两类：图解表示和解析表示。解析表示较为抽象难懂，而用图解表示法来描述卷积码简单明了。常用的图解描述法包括树状图、网格图和状态图等。

卷积码的译码方法可分为代数译码和概率译码两大类。代数译码方法完全基于它的代数结构，也就是利用生成矩阵和监督矩阵来译码，在代数译码中最主要的方法就是大数逻辑译码。比较常用的概率译码有两种，一种叫序列译码，另一种叫维特比译码。虽然代数译码所要求的设备简单，运算小，但其译码性能（误码）要比概率译码方法差很多。因此，目前数字通信的前向纠错中广泛使用的是概率译码方法。

> **思考题**
>
> 1. 分组码和卷积码的区别是什么？
> 2. 卷积码(3,2,7)的含义是什么。

4.6　Turbo 码

Turbo 码是 1993 年才发明的一种特殊的链接码（concatenated code）。由于其性能接近信息理论上能够达到的最好性能，所以这种码的发明在编码理论上具有革命性的进步。这种码，特别是解码运算，非常复杂，这里只对其基本概念做一简明介绍。

由于分组码和卷积码的复杂度随码组长度或约束度的增大按指数规律增长，所以为了提高纠错能力，人们大多不是单纯增大一种码的长度，而是将两种或多种简单的编码组合成复合编码。Turbo 码的编码器在两个并联或串联的分量码（component code）编码器之间增加一个交织器（interleaver），使之具有很大的码组长度，能在低信噪比条件下得到接近理想的性能。Turbo 码的译码器有两个分量码译码器，译码在两个分量码译码器之间进行迭代译码，故整个译码过程类似涡轮（turbo）工作，所以又形象地称为 Turbo 码。

图 4-6 为 Turbo 码编码器的一种基本结构，它由一对递归系统卷积码（Recursive Systematic Convolution Code，RSCC）编码器和一个交织器组成。RSCC 编码器和前面讨论的卷积码编码器之间的主要区别是从移存器输出端到信息位输入端之间有反馈路径。原来的卷积码编码器没有这样的反馈路径，所以像是一个 FIR 数字滤波器。增加了反馈路径后，它就变成了一个 IIR 滤波器，或称递归滤波器，这一点和 Turbo 码的特征有关。

在图 4-7 中给出了一个 RSCC 编码器的例子，它是一个码率等于 1/2 的卷积码编码器，输入为 b_i，输出为 b_ic_i。因为输出中第 1 位是信息位，所以它是系统码。图 4-6 中的两个 RSCC 编码器通常是相同的。它们的输入是经过一个交织器并联的。此 Turbo 码的输入信息位是 b_i，输出是 $b_ic_{1i}c_{2i}$，故码率等于 1/3。

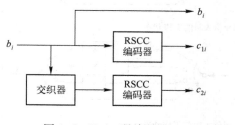

图 4-6 Turbo 码编码器

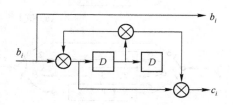

图 4-7 RSCC 编码器

交织器的基本形式是矩阵交织器，它由容量为 $(n-l)m$ 比特的存储器构成。图 4-8 为交织器原理图。将信号码元按行的方向输入存储器，再按列的方向输出。这样，若输入码元序列是：$a_{11}a_{12}\cdots a_{1m}a_{21}a_{22}\cdots a_{2m}\cdots a_{n1}\cdots a_{nm}$，则输出序列是：$a_{11}a_{21}\cdots a_{n1}a_{12}a_{22}\cdots a_{n2}\cdots a_{1m}\cdots a_{nm}$。交织的目的是将集中出现的突发错码分散开，变成随机错码。例如，若图中第 1 行的 m 个码元构成一个码组，并且将其连续发送到信道上，则当此码组遇到脉冲干扰，造成大量错码时，可能因超出纠错能力而无法纠正错误。但是，若在发送前进行了交织，按列发送，则能够将集中的错码分散到各个码组，从而有利于纠错。这种交织器常用于分组码的交织中。

另一种交织器称为卷积交织器。在图 4-9 中给出一个简单的例子。它由三个移存器构成：第一个移存器只有 1b 容量；第二个移存器可以存 2b；第三个移存器可以存 3b。交织器的输入码元依次进入各个移存器。在图 4-9（a）的交织器中，第一个输入码元没有经过存储而直接输出；第二个输入码元存入第一个移存器中；第

a_{11}	a_{12}	$\cdots$	$\cdots$	$\cdots$	a_{1m}
a_{21}	a_{22}	$\cdots$	$\cdots$	$\cdots$	a_{2m}
$\cdots$	$\cdots$	$\cdots$	$\cdots$	$\cdots$	$\cdots$
a_{n1}	a_{n2}	$\cdots$	$\cdots$	$\cdots$	a_{nm}

图 4-8 交织器原理图

三个输入码元存入第二个移存器中；第四个码元存入第三个移存器中。在这四个码元期间，交织器的输出为"1xxx"。这里的"x"表示移存器初始的随机状态。在图 4-9（b）中的交织器则表示出第 5～8 个码元输入时的工作状态。如图 4-9（c）和 4-9（d）所示的是第 9～12 个码元以及第 13～16 个码元输入时的工作状态。这样，交织器输出码元的次序将是：1 x x x 5 2 x x 9 6 3 x 13 10 7 4。接收端解交织器的工作过程与此相反，如图 4-9 所示，解交织器的输出码元的次序将是：x x x x x x x x x x x x 1 2 3 4，其中前面接收的 12 个码元无意义，从第 13 个码元开始才是有效码元。

上面给出的是一个简单的卷积交织器例子。一般说来，第一个移存器的容量可以是 k 比特，第二个移存器的容量是 $2k$ 比特，第三个移存器的容量是 $3k$ 比特，…，直至第 N 个移存器的容量是 Nk 比特。

卷积交织法与矩阵交织法相比，主要优点是延迟时间短和需要的存储容量小。卷积交织法端到端的总延迟时间和两端所需的总存储容量均为 $k(N+l)N$ 个码元，是矩阵交织法的一半。

交织范围大可以使交织器输入码元得到更好的随机化，所以交织器容量大时误码率低。

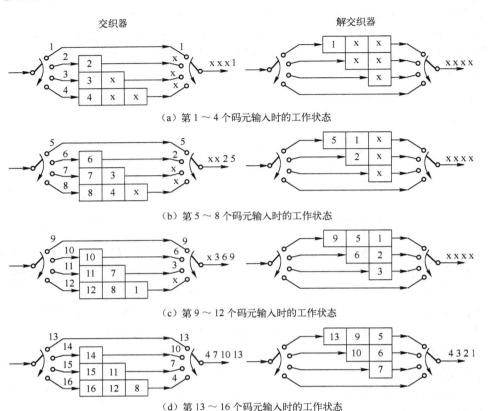

（a）第 1～4 个码元输入时的工作状态

（b）第 5～8 个码元输入时的工作状态

（c）第 9～12 个码元输入时的工作状态

（d）第 13～16 个码元输入时的工作状态

图 4-9　卷积交织器原理方框图

思考题

1. Turbo 编码器的基本原理是什么？

2. 交织的作用是什么？

 ## 实训 5　Turbo 码的 simulink 仿真

【实训目的】

（1）熟悉利用 MATLAB 软件的 simulink 模块实现通信仿真的方法。

（2）了解 Turbo 码的 simulink 仿真过程。

【实训条件】

计算机、MATLAB 仿真软件。

【实训原理】

Turbo 码是一种非常复杂的信道编码方案，对 Turbo 码的理论分析十分困难，而且只能是运算复杂度低的一种宏观分析，对 Turbo 码的具体实现也没有一个清楚的度量。因此，需要使用计算机对系统进行仿真分析。目前的仿真大多采用编写程序形式，是一种复杂和重复的

方式。如何实现一种简便的仿真模型，以满足各种研究的需要，具有重要的现实意义。采用 simulink 仿真模块进行 Turbo 码编码仿真，简化了编码器的复杂性，简单方便。

本模型中 Turbo 码编码器采用两个相同的分量码编码器通过交织器并行级联而成。分量码编码器是码率为 1/2 的递归系统卷积码 RSCC，经过删余矩阵后总的 Turbo 码码率为 1/3。

首先用贝努利信号发生器（Bernoulli Binary Generator）产生序列，从参数面板调节帧大小和采样率。原始序列进入第 1 卷积编码器（Convolution Encoder1），并经过随机交织器（Random Interweaver）后进入第 2 卷积编码器（Convolution Encoder2）。删余模块 1、2 同时接在第 1 卷积编码器的后面。删余模块 1（Puncture1）的输出为第 1 卷积编码输出的奇序列，删余模块 2（Puncture2）的输出为第 1 卷积编码输出的偶序列。第 3 个删余模块（Puncture3）接在第 2 卷积编码器的后面，其输出第 2 卷积编码输出的偶序列。这 3 路序列经过串并变换后合成一路序列，作为 Turbo 码输出。

卷积编码器参数 Trellis = poly2trellis（3，[7 5]，7），由于存在约束和反馈，删余模块 1 的输出与原始序列相同，仿真模型如图 4-10 所示。

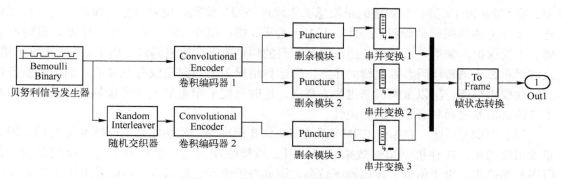

图 4-10　Turbo 码编码器仿真模型

【实训内容与要求】

（1）利用 MATLAB 软件的 simulink 模块实现 Turbo 码编码器仿真。

（2）利用 MATLAB 软件仿真示波器观察 Turbo 码输出波形。

 案例分析 4　差错控制技术在移动通信中的应用

移动通信是当今通信领域最为活跃的分支之一，移动通信满足了随时随地的个人通信要求，但是由于无线信道中存在多径衰落、干扰、频移等多种因素，严重影响数据传输性能。因此，如何在移动信道中实现可靠而有效的通信成为业界非常关注的问题。近几年来，移动通信业务得到迅速发展，保证通信中较低信噪比情况下数据的无误传输、提高通信的有效性和可靠性显得越来越重要。其中的关键技术之一就是差错控制技术，实现的方式是对信道传输数据进行纠错编码。在移动通信领域中，信道编码起着举足轻重的作用，在现有的移动通信系统和将来的新一代移动通信系统数据传输中进行差错控制是一种必然的趋势。

1. 2G 移动通信中的差错控制技术

现行蜂窝移动通信系统支持两种传输方式：一种是非确认模式，帧只传送一次，不管接

收端是否收到或正确接收；另一种是确认模式，通过检错加重发的机制确保接收的正确性。但两种传输方式都不同程度地应用了差错控制技术，保证了移动数据通信的可靠性。下面对 GSM 和 CDMA 移动通信系统中应用的差错控制技术做简要分析。

（1）GSM 系统。在 GSM 系统中，空中接口采用 LAPDm 标准，该标准以 LAPD 为基础，LAPD 是 ISDN 中 D 通道采用的协议，类似于 HDLC 协议，其手段是检错重发机制，而不是前向纠错（FEC），有时又称为 BEC（Backward Error Correction）。确认与重发基于循环的帧编号，采用滑动窗口机制来实现流量控制及对正确接收的确认。如果接收端向发送端发送希望接收下一帧的帧号，意味着该帧前的所有帧都已经正确接收；如果接收端确认了第 N 帧，则即使 N 帧以后的帧已经发送（有可能某些帧是传输正确的），也要从第 N 帧开始全部重发，这实际又称为退 N 步重发。另外，如果超时也会导致发送端的重发。在对语音的信道编码方案中，GSM 采用卷积码纠错、分组码检错。全速率语音业务信道的输入速率为 13Kbps，即每 20ms 的一个码块含 260bit，这些比特按主观评估的重要次序分为Ⅰa、Ⅰb 和Ⅱ三类。其中，Ⅰ类有 182bit，对传输误码敏感，受编码效率为 1/2 的卷积码保护；在Ⅰ类的 182bit 中，有 50bit 为Ⅰa 类，它对误码最敏感，因此再外加 3 位冗余检测码作为保护（这 3 位冗余比特又受上述卷积码的保护）；另外 132bit 为Ⅰb 类。剩余 78bit 为Ⅱ类，对传输误码不敏感，不受保护。如果差错严重，超出了卷积码的纠错能力，检错码检测出Ⅰa 类的比特出错，这时严重影响语音译码参数模型的建立，即这种情况下的译码是没有意义的，而语音业务对实时性要求很高，所以重发机制也失去意义，这时只能采用重复上一帧来替代，因为相临两帧的语音信号之间具有较强的相关性。

（2）CDMA 系统。在窄带 CDMA 系统 IS－95B 标准中，控制帧采用选择重发 ARQ，即只重发出错的帧，这种机制虽然效率较高，但是对接收端而言，缓冲器的设计比较复杂。在 CDMA 系统中，由于信道上传送码率较高，因此对于语音信息而言，可以采用高冗余度的 1/2 和 1/3 的卷积码。另外，IS－95B 标准也使用穿孔技术。CDMA 系统的差错控制算法：CDMA 系统的差错控制是分别按反向链路和前向链路来进行设计的，主要包括卷积编码（Turbo 码等）、交织编码、帧循环校验等。

① 卷积编码。前向链路中的卷积编码在前向链路中，同步信道、寻呼信道和前向业务信道中的信息在传输前都要进行卷积编码，其编码的码率为 1/2，约束长度为 9。反向链路中的卷积编码在移动台到基站的反向链路（业务信道和接入信道）中，数据在进行交织之前将先进行卷积编码。考虑到移动台的信号传播环境，采用卷积码的码率为 1/3，约束长度为 9 的卷积码。

② 交织编码。前向链路中的交织编码在前向链路中，除引导信道外，所有的同步信道、寻呼信道和方向业务信道的数据流，经卷积编码和重传后，均需进行交织编码（块交织）。块交织编码的目的是将多径衰落引起的突发性误码变为随机性差错。同步信道的交织算法是用 16 × 8 矩阵表示。业务和寻呼信道的交织算法是用 24×16 的矩阵表示。反向链路中的交织编码在反向链路中，对于速率为 9.6Kbps 的业务数据流，块交织是在 20ms 的语音帧上进行的，即 20ms 含有 192bit，经卷积编码后，每 20ms 含 576 编码符号（即速率为 28.8Kbps）。因此，交织算法将形成一个 32 行 18 列的矩阵（计有 576 个编码符号）。交织编码就是将数据流按矩阵的列写入而按行输出。所以，交织后的数据流是 1 ～ 32 行逐行发送的。对于速率为 4.8Kbps/2.4Kbps/1.2Kbps 的业务数据流，要考虑重传，交织算法仍是 32 ×18 的矩阵。

2. 3G 移动通信中的差错控制技术

第 3 代移动通信系统采用选择重发 ARQ，ARQ 重传方案使用探询及主动确认两种手段。发送端在协议数据单元（PDU）中有一个探询（Poll）比特，用于探询链路状态，接收端根据接收情况来设置 Poll 比特。如果接收端探测到丢失的 PDU，接收端主动向发送端报告哪一帧数据丢失了。目前 3GPP 已经接受了 ACR 方案，至于 AIR 方案还在讨论之中。HEC 的 ARQ 可以工作在 RLC 层或者物理层，一般工作在 RLC 层面上；FEC、CRC 和软判决工作在物理层。在接收端，物理层由一个缓存器来存储软判决的各种帧版本。发送端将 RLC 的 PDU 送入物理层，加上 CRC 后，再进行 FEC，这样就形成了第一个帧版本；接收端首先执行 FEC 译码，而后 CRC 检验是否发生了差错，软判决的第一个帧版本就存储在物理层的缓存器中并通知 RLC。若有差错，RLC 通知发送端重发；发送端收到重发消息后，发送第二个帧版本。如果发送端重传缓存器位于 RLC，RLC 就将原帧送到物理层，在物理层编码后得到第二帧版本；如果缓存器位于物理层，所有编码后各帧版本全部存在物理层缓存器中。第一种方案需要更多的处理时间，第二种方案需要更多的缓存空间。在 CDMA 系统中，软切换是 CDMA 系统的优点之一，但是如果 ARQ 工作于物理层这个层面，只能实现硬切换，而如果缓存器位于 RLC，就可以实现软判决。

在将来的移动通信中，随着通信业务的不断扩展和服务质量的提高，对移动通信的可靠性提出更高的要求，因此，差错控制必然会得到越来越广泛的应用。随着编译码技术、调制技术、信道估计技术和微处理技术的不断进步，自适应差错控制技术将在未来移动通信数据传输中发挥重要作用。新的通信系统中采用的差错控制方案将越来越复杂，以保证移动无线信道中实现高效数据通信的可行性。

思考题

移动通信中应用了哪些差错控制技术？

 知识梳理与总结4

1. 知识体系

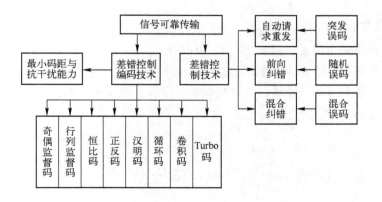

2. 知识要点

（1）信道编码（差错控制编码）的目的是提高信号传输的可靠性。其基本思想是在信息码元中加入监督码元，增加编码的冗余度，其实质是以降低信息传输速率为代价来换取传输可靠性的提高。

（2）由于不同信道中加性干扰造成误码的种类不同，需要采用不同的差错控制技术来减少或消除误码。常用的差错控制技术有自动请求重发、前向纠错、混合纠错。

（3）在差错控制编码中，监督位越多其抗干扰能力就越强，但编码效率就越低。若码字中信息位数为 k，监督位数为 r，码长 $n = k + r$，则编码效率 $R_C = \dfrac{k}{n} = \dfrac{n-r}{n} = 1 - \dfrac{r}{n}$。

（4）纠错编码分为分组码和卷积码两大类。若监督位和信息位的关系是由线性代数方程式决定的，则称这种编码为线性分组码。

（5）奇偶监督码是一种最常用的线性分组码，分为奇监督码和偶监督码。奇监督码监督位只有一位，使码组中"1"码元的数目为奇数；偶监督码加一位监督位，使码组中"1"码元的数目为偶数。

（6）行列监督码不仅对行方向的码元进行奇偶监督，而且还对列方向的码元实施奇偶监督，具有一定的检错、纠错能力，适用于检测突发错码。

（7）恒比码中每个码组均含有相同数目的"1"和"0"。

（8）正反码中监督位数目与信息位数目相同，监督位与信息码元相同（信息码的重复）或者相反（信息码的反码）。

（9）汉明码是一种能够纠正 1 位错误的效率较高的线性分组码。$n = 2^r - 1$，$k = (2^r - 1 - r)$，编码效率 $\dfrac{k}{n} = 1 - \dfrac{r}{n}$，当 n 很大时，编码效率接近 1。

（10）具有循环性的线性分组码称为循环码。其生成多项式 $g(x)$ 是 $x^n \oplus 1$ 的一个因式，一个常数项不为"0"的 $(n-k)$ 次多项式。

（11）卷积码是一类非分组码，卷积码和分组码的不同之处是它在任意给定时间单元内，编码器的 n 个输出不仅与本时间单元的 k 个输入码元有关，而且和前 $m-1$ 个时间单元的输入码元有关，m 称为约束度。

（12）Turbo 码是一种特殊的链接码，是卷积和交织的混合应用。由于其性能接近于理论上能够达到的最好性能，所以它的发明在编码理论上具有革命性的进步。

3. 重要公式

- 如果要检测 e 个错误，则要求：$d_{\min} \geq e + 1$
- 如果要纠正 t 个错误，则要求：$d_{\min} \geq 2t + 1$
- 若码字用于纠正 t 个错误，同时检测 e 个错误，则要求：$d_{\min} \geq t + e + 1$　（$e > t$）
- 编码效率 $R_C = \dfrac{k}{n} = \dfrac{n-r}{n} = 1 - \dfrac{r}{n}$
- 汉明码信息位数 $k = 2^r - r - 1$。
- 循环码监督位多项式　$\dfrac{x^{n-k} m(x)}{g(x)} = q(x) \oplus \dfrac{r(x)}{g(x)}$

单元测试 4

1. 填空题

（1）在数字通信系统中采用差错控制编码的目的是_____。

（2）奇偶校验码能发现_____个错误，不能检出_____个错误。

（3）线性码的封闭性就是任意两个许用码组按位_____后得到的新码组仍为一_____码组。

（4）偶校验码组中"1"的个数为_____。

（5）在一个码组中信息位为 k 位，附加监督位为 r 位，则编码效率为_____。

（6）码字 1110010 的码重 W 为_____。

（7）已知（n，k）的循环码生成多项式为 $D^4 + D^3 + D^2 + 1$，该码的监督位长为_____。

（8）线性分组码（n，k），若要纠正 5 个错误，则其最小码距为_____。

（9）Turbo 码由_____和_____组成。

（10）卷积码（2，1，7）的编码效率为_____。

2. 选择题

（1）码组 10100 与 11000 之间的码距为（　　）。

A. 1　　　　　　B. 2　　　　　　C. 3　　　　　　D. 4

（2）在一个码组中信息位为 k 位，附加的监督位为 r 位，则编码效率为（　　）。

A. $\dfrac{r}{r+k}$　　　　B. $\dfrac{1}{r+k}$　　　　C. $\dfrac{k}{r+k}$　　　　D. $\dfrac{r}{k}$

（3）奇偶校验码（　　）。

A. 能发现单个和奇数个错误，但不能纠正

B. 能发现一位错误，并纠正一位错误

C. 能发现，并纠正偶数个错误

D. 最多能发现两位错误，并能纠正一位错误

（4）偶校验码 0 的个数为（　　）。

A. 偶数　　　　　B. 奇数　　　　　C. 未知数　　　　　D. 以上都不对

（5）（　　）是（7，3）循环码的生成多项式。

A. $x^7 + 1$　　　　B. $x^6 + x^5 + x + 1$　　　　C. $x^4 + x^2 + x + 1$　　　　D. $x^3 + x + 1$

（6）汉明码的最小码距为（　　）。

A. 1　　　　　　B. 2　　　　　　C. 3　　　　　　D. 4

（7）下面的 4 种线性分组码中，（　　）是汉明码。

A. （7，3）　　　B. （7，4）　　　C. （8，4）　　　D. （8，3）

（8）水平垂直奇偶监督码（　　）。

A. 能发现奇数个错误，但不能纠正

B. 若仅有一位错码，能发现哪位有错并可纠正

C. 若有两位错码，能发现哪两位有错并可纠正

D. 能发现所有错码，但不能纠正

（9）某数据系统采用（7、4）汉明码，其编码效率为（　　）。

A. $\dfrac{3}{4}$　　　　　B. $\dfrac{3}{7}$　　　　　C. $\dfrac{4}{7}$　　　　　D. $\dfrac{1}{4}$

（10）循环码属于（　　）。

A. 奇偶监督码　　　B. 非分组码　　　C. 非线性分组码　　　D. 线性分组码

3. 计算题

（1）已知 8 个码组为 000000　001110　010101　011011　100011　101101　110110　111000。试求：

① 该码组的最小码距？

② 若用于检错，能检出几位错码？

③ 若用于纠错，能纠出几位错码？

④ 若同时用于检错与纠错，问各能纠、检几位错码？

（2）已知循环码的生成多项式为：$G(x) = x^3 + x + 1$。若信息位为 1010 时，写出它的监督码和码组。

（3）一个码长 $n = 15$ 的汉明码，监督位应为多少？其编码效率为多少？

模块五

数字信号的基带传输

 教学导航 5

<table>
<tr><td rowspan="4">教</td><td>知识重点</td><td>1. 数字基带传输系统组成及各部分功能。
2. 数字基带信号波形、码型及频谱特点。
3. 码间干扰的成因及无码间干扰的条件。
4. 眼图含义和作用。
5. 时域均衡的基本思想和作用。
6. 再生中继传输系统组成及各部分功能。</td></tr>
<tr><td>知识难点</td><td>1. 数字基带传输码的编码原理。
2. 码间干扰的成因及消除措施。
3. 理想低通信道特性和升余弦滚降特性。</td></tr>
<tr><td>推荐教学方式</td><td>1. 通过同学们熟知的局域网介绍引入基带传输技术，激发学生学习兴趣。
2. 通过对光纤通信系统进行案例分析，帮助理解理论知识，拓展学生知识面。
3. 对于波形和码型的讲解要多举实例，对频谱和信道特性的分析重在结论，理清层次，弱化数学推导。
4. 通过对数字基带传输系统的 simulink 仿真，进一步对数字基带传输系统加深理解印象。</td></tr>
<tr><td>建议学时</td><td>14 学时</td></tr>
<tr><td rowspan="3">学</td><td>推荐学习方法</td><td>1. 学习时要对数字基带传输系统的模型有基本的认识，结合具体内容掌握模型。
2. 理论学习要注意结合给出的案例来理解。
3. 通过例题掌握 AMI、HDB3 码的编码原理及无码间干扰的基本条件，自己进行练习。
4. 通过数字基带传输系统仿真，掌握 simulink 仿真的基本方法，熟悉系统组成。</td></tr>
<tr><td>必须掌握的
理论知识</td><td>1. 数字基带传输系统组成及各部分功能。
2. 数字基带信号波形、码型及频谱特点。
3. 码间干扰的成因及无码间干扰的条件。
4. 眼图、时域均衡含义和作用。
5. 再生中继传输系统组成及各部分功能。</td></tr>
<tr><td>必须掌握的技能</td><td>1. 利用奈奎斯特准则计算无码间干扰的条件。
2. 根据眼图定性分析通信系统性能。
3. 用 MATLAB simulink 模块实现数字基带传输系统仿真。</td></tr>
</table>

 案例导入5 基带局域网

局域网 LAN（Local Area Network）是数据通信网中发展最早，也是我们非常熟悉的一种网络，其覆盖范围较小，是数据通信网的基础网络。

LAN 是指在某一区域内由多台计算机互联成的计算机组。"某一区域"指的是同一办公室、同一建筑物、同一公司和同一学校等，一般是方圆几千米以内的区域。LAN 是封闭型的，可以由办公室内的两台计算机组成，也可以由一个公司内的上千台计算机组成，可以实现文件管理、应用软件共享、打印机共享、扫描仪共享、工作组内的日程安排、电子邮件和传真通信服务等功能。

LAN 中使用的传输方式有基带和宽带两种。基带用于数字信号传输，常用的传输媒体有双绞线或同轴电缆。宽带用于无线电频率范围内的模拟信号传输，常用同轴电缆。

使用数字信号传输的 LAN 定义为基带 LAN。数字信号通常采用曼彻斯特编码传输，媒质的整个带宽用于单信道的信号传输，不采用频分多路复用技术。数字信号传输要求用总线形拓扑，因为数字信号不易通过树形拓扑所要求的分裂器和连接器。基带系统只能延伸数公里的距离，这是由于信号的衰减会引起脉冲减弱和模糊，以致无法实现更大距离上的通信。基带传输是双向的，媒体上任意一点加入的信号沿两个方向传输到两端的端接器（即终端接收阻抗器），并在那里被吸收，如图 5-1 所示。

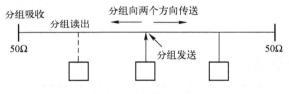

图 5-1 双向基带局域网

总线 LAN 常采用 50 Ω 的基带同轴电缆。对于数字信号来说，50 Ω 电缆受到来自接头插入容抗的反射不那么强，而且对低频电磁噪声有较好的抗干扰性。最简单的基带同轴电缆 LAN 由一段无分支的同轴电缆构成，两端接有防反射的端接器，推荐的最大长度为 500 m。站点通过接头接入主电缆，任何两接头间的距离为 2.5 m 的整倍数，这是为了保证来自相邻接头的反射在相位上不至于叠加。推荐的最多接头数目为 100 个，每个接头包括一个收发器，其中包含发送和接收用的电子线路。

为了延伸网络的长度，可以采用中继器。中继器由组合在一起的两个收发器组成，分别连到两段不同的同轴电缆上。中继器在两段电缆间向两个方向传送数字信号，在信号通过时将信号放大和复原。因而，中继器对于系统的其余部分来说是透明的。由于中继器不做缓冲存储操作，所以并没有将两段电缆隔开，因此如果不同段上的两个站同时发送的话，它们的分组将互相干扰（冲突）。为了避免多路径的干扰，在任何两个站之间只允许有一条包含分段和中继器的路径。802 标准中，在任何两个站之间的路径中最多只允许有 4 个中继器，这就将有效的电缆长度延伸到 2.5 km。如图 5-2 所示为一个具有 3 个分段和 2 个中继器的基带系统例子。

双绞线基带 LAN 用于低成本、低性能要求的场合，双绞线安装容易，但往往限制在 1 km 以内，数据传输速率为 1 ～ 10 Mbps。

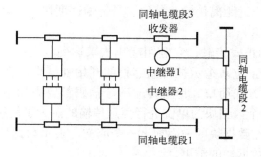

图 5-2 带中继器的基带系统

基带 LAN 是一种近程数据通信系统，是数字基带传输方式的典型应用。带中继器的基带 LAN 系统是一种再生中继系统。下面将对数字基带传输系统的组成及其传输理论进行解读。

思考题

基带局域网和宽带局域网的区别有哪些？

 技术解读 5

5.1 传输类型与方式

通信的目的是将信源的信息传输到收信者。数字通信系统的任务是传输数字信息，信号的传输是通信的重要环节。信号是经由信道传输的，不同的信道具有不同的传输特性。信号传输所要研究的问题主要有：信号的特性、信道的特性及信道的传输响应。

1. 数字信号的传输类型

数字信号的传输可分为基带传输和频带传输两大类。所谓基带传输是指直接传送数字基带信号。例如，基带 LAN 的数据传输；在较短距离上用电传机直接进行通信；用中继方式在较长距离上传送 PCM 信号等。而在大多数情况下，实际信道（如无线信道、光纤信道等）是带通型的，必须先用数字基带信号对载波进行调制，形成数字频带信号后再进行传输，到接收端还要进行相应的解调，这种传输方式称为数字频带传输。

2. 数字信号的传输方式

（1）串行与并行传输。在串行传输中，数字信息的各个码元是一位接一位地在一条信道上传输的。对采用这种通信方式的系统而言，同步极为重要。收发双方必须保持位同步和字同步，才能在接收端正确恢复原始信息。串行传输中，收发双方只需要一条传输通道。因此，该传输方式容易实现，是实际通信系统中常用的一种传输方式。

在并行传输中，构成一个码组的所有码元都是同时传送的，码组中的每一位都单独使用一条通道。并行传输一次传送一个码组，收发之间不存在字同步问题。由于并行信道成本

高，主要用于设备内部或近距离传输，其优点是传输速度快，处理简单。

（2）异步与同步传输。

① 异步传输也称起止式传输，它利用起止法来达到收发同步。异步传输每次只传输一个字符，用起始位和停止位来指示被传输字符的开始和结束。在异步传输中，每个字符的发送是独立的。该传输方式简单，但每传输一个信码都要添加附加位，故传输效率较低。

② 同步传输是以一个数据块为单位进行信息传输的。为了使接收方能准确地确定每个数据块的开始和结束，需在数据块的前面加上一个前文，表示数据块的开始，在数据块的后面再加上一个后文，表示数据块的结束。

在同步传输方式中，数据的传输是由定时信号控制的。定时信号可由终端设备产生，也可由通信设备（如调制解调器、多路复用器）提供。在接收端，通常由通信设备从接收信号中提取定时信号。

（3）单工、半双工、全双工传输。信号只能单方向传输，在任何时刻都不能进行反向传输的传输方式称单工传输。例如，广播、电视系统就属于单工传输系统。

信号虽然可以在两个方向上传输，但不能在同一时间进行，即只能在一个时间发信号，在另一时间收信号。对讲机就是半双工传输的典型应用。

在全双工传输方式中，信号可以同时在两个方向上传输。固定电话、手机都是全双工传输的例子。

思考题

什么是数字基带信号？有哪些传输方式？

5.2 数字基带传输系统

数字基带传输系统主要解决基带信号的码型、波形设计、功率谱分析、基带系统的最佳设计、误码率计算等问题。

数字基带传输系统的框图如图 5-3 所示，它主要由信道信号形成器、信道、接收滤波器、同步提取电路及抽样判决器组成。

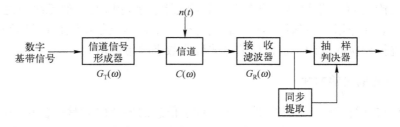

图 5-3　数字基带传输系统的框图

1. 信道信号形成器

由于输入的数字基带信号往往不适合直接加至信道上进行传输，例如，很多基带信号含

有直流成分，而信道往往不能传输直流（如信道含有变压器）；又如，有些基带信号不便于提取同步信号等，这些都不利于信道的传输。信道信号形成器的作用就是把原始的基带信号变换成适合于在信道上传输的基带信号，它主要通过对输入的基带信号进行码型变换和波形变换来实现，码型变换和波形变换的目的主要是为了压缩频带、减小码间串扰，便于同步提取和接收端取样判决。

2. 信道

基带传输的信道通常为有线信道，如市话电缆、架空明线等，它的传输函数通常不为常数，而是随机变化的。另外，信道会引入噪声。

3. 接收滤波器

接收滤波器的主要作用是滤除带外噪声，对信道特性进行均衡，使输出信噪比尽可能大，并使输出的波形最利于抽样判决。

4. 抽样判决器

抽样判决器的作用是在信道不理想及有噪声干扰的情况下，正确恢复出原来的基带信息。

5. 同步提取电路

同步提取电路为抽样判决器提供同步时钟信号，以保证抽样判决在最佳时刻。

> **思考题**
>
> 数字基带传输系统的基本结构及各部分的功能如何？

5.3 数字基带信号

数字基带信号是指消息代码的电波形，它用不同的电平或脉冲来表示相应的消息代码。数字基带信号（以下简称为基带信号）的类型有很多，常见的有矩形脉冲、三角波、高斯脉冲和升余弦脉冲等。最常用的是矩形脉冲，因为矩形脉冲易于形成和变换。

数字通信中，用代码来表示要传送的信息。代码是消息的一个基本单元，称为码元或符号。实际传输时，用电脉冲表示代码，将电脉冲的形状称为数字信号波形，而把电脉冲序列的结构形式称为数字信号的码型。数字信号的波形和码型共同决定着它的频谱结构。合理地设计信号的波形和码型，使之适应信道的要求，这是传输中的重要课题。

5.3.1 数字基带信号波形

为了分析信号在数字基带传输系统中的传输过程，必须先弄清楚数字基带信号的时域特性及频域特性。下面介绍几种基本的数字基带信号波形。

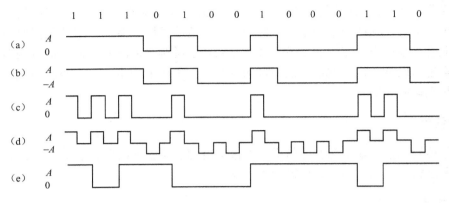

图 5-4　数字基带信号波形

1．单极性不归零波形

单极性不归零（NRZ）波形如图 5-4（a）所示，它是用一个脉冲宽度等于码元间隔的矩形脉冲的有无来表示信息的，如有脉冲表示"1"，无脉冲表示"0"。电传机的输出、计算机输出的二进制序列都是这种形式。这种信号的直流分量不为零，另外不能直接从中提取位同步信息，所以数字基带传输很少来用它，它只适合短距离传输。

2．双极性不归零波形

双极性不归零（NRZ）波形如图 5-4（b）所示，它是用宽度等于码元间隔的两个幅度相同、但极性相反的矩形脉冲来表示信息的，如正脉冲表示"1"，负脉冲表示"0"。从统计平均的角度来看，"1"和"0"数目各占一半时无直流分量，但当"1"和"0"出现概率不等时，仍有直流成分。接收端的判决门限为 0，容易设置且稳定。

3．单极性归零波形

如图 5-4（c）所示，单极性归零（RZ）波形与单极性不归零波形相似，不同之处在于其脉冲宽度不等于码元间隔而是小于码元间隔。脉冲宽度与码元宽度 T 之比，叫占空比。其占空比小于 1，因此，每个脉冲还没有到一个码元终止时刻就回到零值。故称其为单极性归零波形。它与单极性不归零波形相比的优点是可以直接提取同步信号。

4．双极性归零波形

如图 5-4（d）所示为双极性归零（RZ）波形，"1"和"0"在传输线路上分别用正脉冲和负脉冲表示，且相邻脉冲间必有零电平区域存在。因此，在接收端据接收波形归于零电平便知一比特信息已接收完毕，以便准备下一比特信息的接收。这样可以经常保持正确的比特同步。

5．差分波形

如图 5-4（e）所示为差分波形，它是用相邻码元电平的相对极性变化来传送数字信息的，又称相对码波形。差分波形用相邻脉冲极性有变化来表示"1"，极性不变表示"0"。差分波形的优点是：即使接收端收到的码元极性与发送端完全相反，也能实现正确的判决。

6. 多进制波形

图 5-5 给出了两种四进制代码波形。其中图 5-5（a）只有正电平（0、1、2、3 四个电平），而图 5-5（b）包含正负电平（+3、+1、-1、-3 四个电平）。采用多进制码的目的是在码元速率一定时提高信息速率。

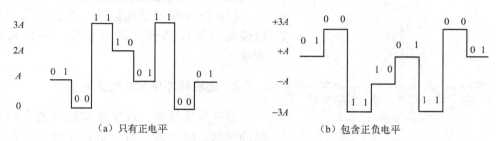

(a) 只有正电平　　　　　　　　　　　　　(b) 包含正负电平

图 5-5　四进制代码波形

以上介绍的几种波形，脉冲均是矩形的，实际上还可以是其他形状，如升余弦波、三角波等。

5.3.2　数字基带信号的频谱特性

为了使基带信号能在信道中有效传输，必须了解基带信号的频谱结构。其目的是：

（1）根据频谱特点设计最适当的信道传输特性以及选择合理的传输方式。

（2）由频谱可明确信号序列中是否含有离散的线状谱，以便确定是否能直接从序列中提取定时信号。

数字基带信号是一个随机的脉冲序列信号，它的每一个码元是一个确定的脉冲波形，可用傅氏变换求出其频谱；而对于随机脉冲序列，就只能用统计的方法来分析它的平均功率谱。

1. 单个矩形脉冲的频谱特性

单个矩形脉冲可表示为

$$g(t) = \begin{cases} A & |t| \le \dfrac{\tau}{2} \\ 0 & |t| > \dfrac{\tau}{2} \end{cases} \tag{5-1}$$

式中，A 为脉冲幅度；τ 为脉冲宽度。

由傅氏变换可求得 $g(t)$ 对应的频谱函数 $G(\omega)$ 为

$$G(\omega) = \int_{-\infty}^{\infty} g(t)\mathrm{e}^{-\mathrm{j}\omega t}\mathrm{d}t = \int_{-\tau/2}^{\tau/2} A \cdot \mathrm{e}^{-\mathrm{j}\omega t}\mathrm{d}t$$

$$= A\tau \frac{\sin\dfrac{\omega\tau}{2}}{\dfrac{\omega\tau}{2}} = A\tau Sa\left(\dfrac{\omega\tau}{2}\right) \tag{5-2}$$

式中，$Sa(x) = \dfrac{\sin x}{x}$ 称为取样函数。$g(t)$ 波形和 $G(\omega)$ 频谱如图 5-6 所示。

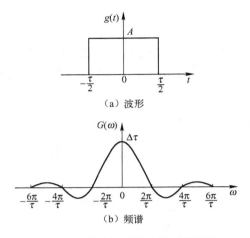

(a) 波形

(b) 频谱

图 5-6　单个矩形脉冲的频谱特性

由图 5-6 可见：

（1）矩形脉冲频谱的第一个过零点是在 $\omega = 2\pi/\tau$ 处，由于信号能量主要集中在第一个零点以下，所以在数字传输系统中，通常定义带宽 $B = 1/\tau$。显然，脉冲越窄，频带越宽。

（2）脉冲频谱是连续的，存在直流分量，可以说矩形脉冲的频谱从零开始，一直到很高的频率。

2. 随机脉冲序列的频谱分析

在通信系统中，数字基带信号通常都是随机脉冲序列。因为若在数字通信系统中所传输的数字序列不是随机的，而是确知的，则消息不携带任何信息，通信就失去意义。研究随机脉冲序列的频谱，要从统计分析的角度出发，研究它的功率谱密度。

无论采用什么波形和码型，数字基带信号都可以用统一的数学式来表示。设构成数字基带信号的基本波形为 $g(t)$，由于数字基带信号都是由形状相同、时间上相距 T_B（T_B 为一个码元间隔）的一系列脉冲所构成的，而这些脉冲的幅度和极性取决于相应的数字信息。因此，可用下面的数学式来表示

$$s(t) = \sum_{k=-\infty}^{\infty} b_k g(t - kT_B) \tag{5-3}$$

式中，$s(t)$ 表示数字基带信号；$b_k g(t - kT_B)$ 表示第 k 个码元波形；b_k 是第 k 个码元的幅度。

经理论分析可得随机脉冲的功率谱为

$$P(f) = f_B P(1 - P) \mid G_1(f) - G_0(f) \mid^2 + \sum_{m=-\infty}^{\infty} f_B^2 \mid PG_1(mf_B) + (1 - P)G_0(mf_B) \mid^2 \cdot \delta(f - mf_B)$$

$$\tag{5-4}$$

式中，$G_1(f)$ 是 "1" 码波形 $g_1(t)$ 对应的频谱；$G_0(f)$ 是 "0" 码波形 $g_0(t)$ 对应的频谱；P 是 "1" 码概率，$(1-P)$ 为 "0" 码概率；$P(f)$ 是基带信号 $s(t)$ 的功率谱。

从式（5-4）可看出，随机脉冲序列的功率谱包含两大部分：连续谱（第一项）和离散谱（第二项）。可见，连续谱总是存在的，而离散谱是否存在则不一定。根据连续谱可以确定随机序列的带宽，从而考虑信道带宽和传输网络（滤波器、均衡器等）的传输函数等；而根据离散谱可以确定随机序列是否包含直流成分（$m = 0$）及定时信号（$m = \pm 1$），可以明确能否从脉冲序列中直接提取离散分量，以便在接收端用这些成分做位同步信号。

5.3.3　数字基带传输常用码型

从信源或编码器输出的信号一般来说是 "1"、"0" 两种状态的单极性码，但在进行数字传输时，不管是低通型信道的基带传输还是带通型信道的频带传输，都必须要考虑信号与信道的匹配问题，即要把信号变换为适合于信道传输的码型，这个过程又叫线路编码。正确

地选择传输码型可以改善传输性能，提高通信质量。

实际的基带传输系统中，并不是所有的原始基带信号都适合在信道中传输。例如，含有直流和低频成分的基带信号就不适宜在信道中传输，因为这有可能造成严重畸变。再如，一般基带传输系统都从接收到的基带信号码流中提取定时信号，如果代码中出现长时间连"0"或连"1"符号，就使收定时恢复系统难以产生准确的位同步定时信号。

归纳起来说，对传输码（又称线路码）的要求有以下几点：

（1）频谱中无直流分量且低频分量尽可能少。在基带传输系统中，有时存在着变压器或耦合电容，它们对直流和低频信号有较大的阻碍作用。因此，如果基带信号中含有直流和低频分量，则传输过程中会丢失而造成信号波形失真。

（2）高频分量尽量少。高频分量会增加邻近线路间的串话。高频分量越多，这种干扰越严重。

（3）便于提取位定时信息。收发间的比特同步称位定时，它是从接收到的信息比特流中提取的。传输码中不能长时间出现连"0"，因为这样会导致系统失去定时信息。

（4）具有一定的差错检测、纠错能力。从对基带传输系统的维护和使用角度考虑，应能及时对基带信号中的错误码元进行检测和纠错。

（5）码型变换设备简单、易实现。

1. AMI 码

AMI（Alternate Mark Inversion）码又称信号交替反转码。它的编码规则为：将二进制码序列中的"0"码仍编为"0"码，而"1"码则交替地编为"+1"码及"-1"码。"+1"、"-1"码波形为归零波形。

【实例5-1】 将二进制代码1101000001001000001编为对应的AMI码。

解：按AMI码的编码规则，对应的AMI码为：+1-10+1000000-100+100000-1。
对应的AMI码波形如图5-7（a）所示。

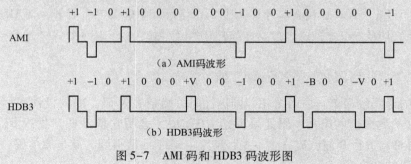

图5-7 AMI码和HDB3码波形图

AMI码的特点有：

（1）无直流成分，低频成分少。

（2）高频成分少，节省频带，减少串话。

（3）具有检错能力，非交替即错。

（4）可提取同步信息。码型频谱中虽无时钟频率成分，但只要将其先进行全波整流变为单极性码，再变为归零信号即可提取位同步信息。

（5）连"0"码过多时会造成提取定时信号的困难。

2. HDB3 码

HDB3（High Density Bipolar 3）码又称三阶高密度双极性码。HDB3 码是对 AMI 码的改进，它保留了 AMI 码的优点，克服了 AMI 码的缺点，它使连"0"码的个数限制在 3 个以内。

HDB3 码的编码规则为：

（1）当信码中无 4 个及 4 个以上连"0"码时，HDB3 码的编码规则与 AMI 码的相同（即"0"码仍为"0"，"1"码交替编为" +1"和" −1"）。

（2）当信码中有 4 个及 4 个以上连"0"码出现时，将每 4 个连"0"码划分为一节，并将每节中的第 4 个"0"码变为"1"码，用 V 脉冲表示，即将"0000"变为"000V"。为了便于接收端识别 V 脉冲，要求 V 脉冲的极性与前一个"1"码的极性相同。由于这一规定破坏了 AMI 码极性交替的规律，因而将 V 脉冲称为破坏点，而将"000V"称为破坏节。

（3）相邻破坏点 V 脉冲的极性应交替变化，以保证传输码中没有直流分量。可见 V 脉冲既要满足极性与前一个"1"码的极性相同的规则同时又要满足"极性交替"的规则。这在原信码中相邻两个 V 脉冲之间有奇数个"1"码的情况下，规则可以得到满足，但是当相邻两个 V 脉冲之间有偶数（0 看做偶数）个"1"码时，该规则将不能得到满足。解决的办法是将后一个破坏节中的第一个"0"码变为"1"码，并用 B 脉冲表示，即将后一个破坏节变为"B00V"。B 脉冲的极性与同节的 V 脉冲极性相同，与前一个"1"码的极性相反。

综上所述，HDB3 码的编码规则可归纳为一取代规则表，如表 5-1 所示。

表 5-1　HDB3 码的编码取代规则表

前面 V 脉冲的极性	两个相邻 V 脉冲间的传号数	
	奇数	偶数
+ V	000 − V	− B00 − V
− V	000 + V	+ B00 + V

【实例 5-2】　设二进制代码序列为 11010000001001000001，将其编为 HDB3 码。

解： 按 HDB3 码的编码规则，对应的 HDB3 码为：+1 −10 +1000 + V00 −100 +1 − B00 − V0 +1

对应的 HDB3 码波形如图 5-7（b）所示。

HDB3 的译码较简单。由两个相邻同极性码可确定出 V 码，即同极性码后面的那个码就是 V 码。由 V 码向前的第三个码如果不是"0"码，表明它是 B 码。把 V 码和 B 码恢复为"0"码，再将它进行全波整流（" −1"变为" +1"）后得到的就是原信码。

HDB3 码的特点是：

（1）无直流分量。

（2）解决了 AMI 码连"0"过多不利于提取定时信号的问题。

在四次群以下的 A 律 PCM 终端设备的接口码均采用 HDB3 码。目前，数字通信设备中大量采用 CD22103 型号的集成电路 HDB3 编、解码器。它将编、解码两大功能电路集成在一个大规模集成芯片里，可将发送端送来的 NRZ 码变换为 HDB3 码，也可将接收到的 HDB3 码还原成 NRZ 码。

3. 数字双相码

数字双相码又称曼彻斯特（Manchester）码。它的编码规则为：用一个周期的正负对称方波表示"1"码，用它的反相波形表示"0"码。数字双相码波形如图5-8（a）所示。因为双相码在每个码元间隔的中心都存在电平跳变，所以有丰富的定时信息。同时，双相码没有直流分量。双相码适用于数据终端设备在短距离上的传输，在局域网中常被采用。

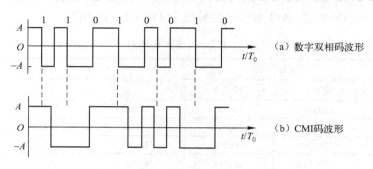

图5-8　数字双相码、CMI 码波形

4. CMI 码

CMI（Coded Mark Inversion）码是传号反转码，它是一种双极性二电平非归零码。它的编码规则为："1"码交替地用"00"码和"11"码表示，"0"码则固定地用"01"码表示。CMI 码波形如图5-8（b）所示。

CMI 码的特点是：没有直流分量；有波形跳变，便于提取定时信号；由于"10"码为禁用码，不会出现3个以上的连码，所以具有一定的检错能力。CMI 码主要用于高次群脉冲编码终端设备作为接口码型，也可用在光纤传输系统中作为线路传输码型。

5. mBnB 码

HDB3 码尽管有许多优点，但它实际上是一个三电平码，给信号的接收带来不便。而在有些情况下则必须用二电平信号。例如，光纤通信中只适合表示两种状态。因此，常采用 mBnB 码。mBnB 码是将输入的码流以 m 个码元为一组，重新变换为 n 比特为一组的输出码（$n > m$）。

为了说明 mBnB 码的编码原理，须引入一个术语即"字数字和"（WDS）。现以 4B 码为例，如果用"-1"表示码组中的"0"，用"$+1$"表示码字中的"1"，则每个码字（码组）的代数和记为"WDS"，例如，"0010"可写成（-1）+（-1）+1+（-1）=-2，即"0010"的 WDS $= -2$，而"0011"的 WDS $= 0$，光纤通信中使用 mBnB 码基本原理是通过限制"字数字和"来满足传输要求，即一般最好采用 WDS $= 0$ 的组合，这样可减少连"0"或连"1"个数。

对于较高速率的系统，国际上多用 3B4B、5B6B 或 7B8B 码，其中以 5B6B 码居多。其优点为：直流成分少；有利于时钟提取；码速增加不多（仅 6/5 倍）；电路不太复杂；连"1"连"0"数不大（为5）。我国已规定 140Mbps 的系统采用 5B6B 码。

表5-2 列出了 5B6B 码表的例子，其中模式 1 的 WDS $= 0$ 和 WDS $= +2$，模式 2 的

WDS $=0$ 和 WDS $=-2$。

5B6B 码采用两种交替使用的模式编码，即当 6B 码组为均等码组时，其下一个码组在上一个码组的同模式中选择；反之，当 6B 码组是不均等码组时，则其下一个码在另一模式中选择。例如，从表 5-2 中可以查到，与输入 5B 码组 00011 对应的 6B 线路码组为 100011，因为其 WDS $=0$，所以正模式与负模式相同，而与输入 5B 码组 00100 对应的 6B 码组为 110101（正模式）和 100100（负模式），因为其 WDS $=\pm 2$，所以正模式与负模式不同，当 5B 输入码组为 00100，00100 时，5B6B 编码器的输出为 110101，100100。

表 5-2　5B6B 码表

输入 5B 码组	6B 线路码组		输入 5B 码组	6B 线路码组	
	模式 1	模式 2		模式 1	模式 2
00000	110010	110010	10000	110001	110001
00001	110011	100001	10001	111001	010001
00010	110110	100010	10010	111010	010010
00011	100011	100011	10011	010011	010011
00100	110101	100100	10100	110100	110100
00101	100101	100101	10101	010101	010101
00110	100110	100110	10110	010110	010110
00111	100111	000111	10111	010111	010100
01000	101011	101011	11000	111000	011000
01001	101001	101001	11001	011001	011001
01010	101010	101010	11010	011010	011010
01011	001011	001011	11011	011011	001010
01100	101100	101100	11100	011100	011100
01101	101101	000101	11101	011101	001001
01110	101110	000110	11110	011110	001100
01111	001110	001110	11111	001101	001101

思考题

1. 研究数字基带信号功率谱的意义何在？信号带宽怎么确定？
2. 线路传输对基带信号码型有哪些要求？

5.4　数字基带传输理论

5.4.1　信道带限传输对信号波形的影响

1. 信道传输特性可用一等效理想低通特性来近似

数字基带信号一般常用矩形脉冲波形，这样的信号在频域内是无限延伸的。在实际的传

输系统中，任一信道的频带宽度都不可能是无限宽的。因此，当具有无限带宽的信号通过有限带宽的信道时，必然会使信号的频谱受到一定的损失，其结果使接收到的信号波形产生失真。为便于研究问题，可假设信道具有理想的低通特性，其频率特性传输函数为

$$H(\omega) = \begin{cases} Ke^{-j\omega t_d} & |\omega| \leqslant \omega_c \\ 0 & |\omega| > \omega_c \end{cases} \tag{5-5}$$

式中，t_d 为信号通过信道的延迟；ω_c 为信道的截止频率；K 为信道的传输增益常数；ωt_d 为信道的线性相移特性。

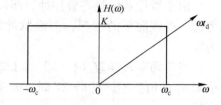

图 5-9　理想低通传输特性

2. 理想低通信道的冲激响应

设输入信号为 $\delta(t)$，$\Delta(\omega)$ 为 $\delta(t)$ 的傅氏变换，输出信号为 $y(t)$，其傅氏变换为 $Y(\omega)$，则有 $Y(\omega) = H(\omega)\Delta(\omega)$，对其进行傅氏反变换可求出输出响应

$$y(t) = \frac{1}{2\pi}\int_{-\infty}^{\infty} Y(\omega) e^{j\omega t} d\omega$$

$$\Theta\Delta(\omega) = 1, \ \diamondsuit K = 1$$

则

$$y(t) = \frac{1}{2\pi}\int_{-\omega_c}^{\omega_c} e^{j\omega(t-t_d)} d\omega = \frac{\omega_c}{\pi} \cdot \frac{\sin\omega_c(t-t_d)}{\omega_c(t-t_d)} \tag{5-6}$$

式中，t_d 为信道传输时延。

为分析问题方便，可令 $t_d = 0$，则上式变为

$$y(t) = \frac{\omega_c}{\pi} \cdot \frac{\sin\omega_c t}{\omega_c t} \tag{5-7}$$

按式（5-7）给出的理想低通信道的冲激响应波形如图 5-10 所示。

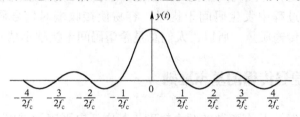

图 5-10　理想低通信道的冲激响应

由图 5-10 可见：理想低通信道的单位冲激响应在 $t = 0$ 时有输出最大值，且有很长的拖尾，其幅度逐渐衰减，在数值上有很多零点，第一个零点是 $1/2f_c$，而且后面的零点是以 $1/2f_c$ 为间隔的。

3. 码间干扰

在基带传输系统中，信道通常是一种线性系统。设输入理想低通信道的周期性脉冲序列 $S(t)$ 为

$$S(t) = \sum_{n=-\infty}^{\infty} a_n g(t-nT) \tag{5-8}$$

式中，a_n 为脉冲幅度，在二进制情况下，其取值为"1"或"0"，也可取"+1"或"-1"；T 为单元矩形脉冲的周期。

由于线性系统具有叠加性，所以，低通信道的输出响应应为各输入脉冲的响应之和。现考虑一种较简单的情况，即设脉冲序列中只有两个脉冲，即 $a_1 = 1$ 和 $a_2 = 1$，其他各项均为零。

当传码率 $R_B = 2f_c$ 时（即 $T = 1/2f_c$ 时），波形如图 5-11（a）所示。当 $t = T$ 时，a_1 有最大值而 a_2 的值为零；当 $t = 2T$ 时，a_2 有最大值而 a_1 的值为零。可见，此时两脉冲不发生相互干扰。

当传码率 $R_B > 2f_c$ 时（即 $T < 1/2f_c$ 时），波形如图 5-11（b）所示，当 $t = T$ 时，a_1 有最大值而 a_2 的值并不为零；当 $t = 2T$ 时，a_2 有最大值而 a_1 的值也并不为零。可见此时两脉冲间发生相互干扰，这种由于波形底部展宽，使一个码元的波形侵占到相邻码元的位置，称之为码间干扰。

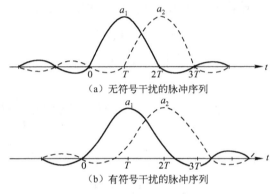

（a）无符号干扰的脉冲序列

（b）有符号干扰的脉冲序列

图 5-11　码间干扰示意图

由上述的分析可见，导致码间干扰的原因是由于传输信道的频带受限，使其响应产生拖尾所致。当信号传输过程中发生码间干扰时，容易使接收端对信号码元错误判决而产生误码，从而影响系统的传输质量。所以，人们总是希望码间干扰越小越好。

5.4.2　数字信号传输的基本准则

数字信号（二进制）只有离散的两个幅度，其中低电平表示"0"码，高电平表示"1"码。因此，二进制信号在传输时只需要在规定的时刻判决"1"或"0"的数值，而不需要识别在其他时间是何种波形。通过适当地选择信号的传输速率与传输频带，并采用抽样判决方式就可消除其码间干扰（或使之最小）。

如何才能保证数字信号在传输过程中不出现或少出现码间干扰，这是关系到通信可靠性的关键问题。奈奎斯特对此进行了大量的研究，提出了不产生码间干扰的条件。其主要内容是：当传输的脉冲序列以 $2f_c$（f_c 为理想低通信道的截止频率）的速率发送时，无码间干扰。此即奈奎斯特第一准则的主要内容。无码间干扰示意图如图 5-12 所示。其中，图 5-12（a）表示某一脉冲序列"…1101001…"以 $2f_c$ 的速率发送时的输出响应波形，图 5-12（b）表示接收端的抽样判决时钟。

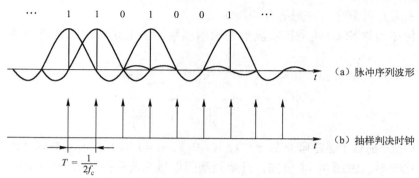

$$T = \frac{1}{2f_c}$$

图 5-12　无码间干扰示意图

由图 5-12 可见，对于理想的冲激序列，经过理想低通传输信道后，若选择在信号的最大值点进行判决，其间隔选为 $1/2f_c$，则可实现无码间干扰。此时码元传输速率为 $2f_c$，且信道的频带利用率为 2B/Hz。这是在抽样值无失真的情况下所能达到的最高频带利用率。我们把 $T = 1/2f_c$ 称为奈奎斯特间隔。换句话说，若信号的传码率为 $1/T$，则实现无码间干扰传输所需信道的频带宽度为 $1/2T$。

【实例 5-3】　设某一理想信道的带宽为 1.024MHz，有一脉冲序列通过该信道时不出现码间干扰，试求该脉冲序列的传信率。

解：由于传输中无码间干扰，且信道具有理想的低通特性，根据奈奎斯特第一准则，可求得此时的传码率为

$$R_B = 2f_c = 2 \times 1.024 \times 10^6 \mathrm{Baud} = 2.048 \times 10^6 \mathrm{Baud}$$

对于二进制来说，传信率在数值上等于传码率，故有

$$R_b = R_B = 2.048 \mathrm{Mbps}$$

5.4.3　升余弦滚降特性

上面讨论的理想低通信道，虽然在满足奈奎斯特第一准则的条件下能使传输系统避免码间干扰，但其在实际应用中却是无法实现的（因其过渡带陡峭）。另外，理想低通传输信道的冲击响应衰减慢（有较大幅度的拖尾）的原因，是由于其振幅特性在截止频率 ω_c 处的突变而造成的。为使其衰减更快，可采用圆滑振幅特性的方法——"滚降"（rolloff）。

在实际中得到广泛应用的无码间干扰波形，其频域过渡特性是以 π/T 为中心、具有奇对称升余弦形状，通常称之为升余弦滚降信号。这里的"滚降"指的是信号的频域过渡特性。能形成升余弦信号的基带系统的传递函数为

$$S(\omega) = \begin{cases} \dfrac{S_0 T}{2}\left\{1 - \sin\left[\dfrac{T}{2\alpha}\left(\omega - \dfrac{\pi}{T}\right)\right]\right\}, & \dfrac{\pi(1-\alpha)}{T} \leqslant |\omega| \leqslant \dfrac{\pi(1-\alpha)}{T} \\ S_0 T, & 0 \leqslant |\omega| \leqslant \dfrac{\pi(1-\alpha)}{T} \\ 0, & |\omega| > \dfrac{\pi(1+\alpha)}{T} \end{cases} \quad (5\text{-}9)$$

式中，α 称为滚降系数，其定义为 $\alpha = \dfrac{(f_c + f_a) - f_c}{f_c}$。其中，$(f_c + f_a)$ 为滚降特性的截止频率，

f_a 为滚降时偏离 f_c 的频率。一般有 $0 \leqslant \alpha \leqslant 1$。

系统的传递函数 $S(\omega)$ 就是接收波形的频谱函数。由上式可求出系统的冲激响应即接收波形为

$$S(t) = S_0 \cdot \frac{\sin \dfrac{\pi t}{T}}{\dfrac{\pi t}{T}} \cdot \frac{\cos \dfrac{\alpha \pi t}{T}}{1 - \left[\dfrac{4\alpha^2 t^2}{T^2}\right]} \tag{5-10}$$

图 5-13 中分别表示了滚降系数 $\alpha = 0$，$\alpha = 0.5$，$\alpha = 1$ 时的传递函数和冲激响应，图中给出的是归一化图形。由图 5-13 可知，升余弦滚降信号在前后抽样值处的码间串扰始终为零，因而满足抽样值无干扰的传输条件。随着滚降系数 α 的增加，两个零点之间的波形振荡起伏变小，其波形的衰减与 $1/t^3$ 成正比。但随着滚降系数 α 的增大，其所占频带增加。$\alpha = 0$ 时即为理想低通基带系统。$\alpha = 1$ 时，所占频带最宽，是理想低通基带系统的 2 倍，因而其频带利用率为 1B/Hz。

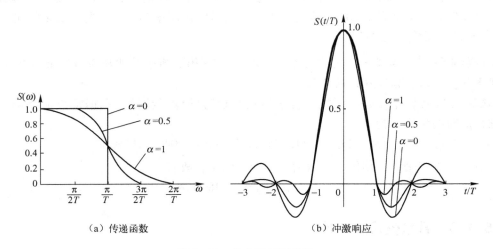

（a）传递函数　　　　　　　　　　（b）冲激响应

图 5-13　升余弦滚降特性

由图 5-13 可见，滚降系数 α 越小，系统占用的带宽越窄，但波形前后尾巴的振荡幅度却越大；反之，滚降系数 α 越大，系统占用的带宽越宽，但波形前后尾巴的振荡幅度却越小。

思考题

1. 什么是码间干扰？它是如何产生的？无码间干扰传输的条件是什么？
2. 什么是奈奎斯特速率和奈奎斯特带宽？此时的频带利用率有多大？

5.5　眼图

在信号传输过程中，由于信道特性、电路滤波参数和噪声等诸多因素的影响，码间干扰是无法避免的。码间干扰对误码率的影响，目前尚未找到数学上便于处理的统计规律，系统

性质很难进行定量分析，甚至得不到近似的结果。为了衡量传输系统的性能，除了用专门精密仪器进行测试外，通常多采用示波器观察接收信号波形的方法来分析码间干扰和噪声对系统性能的影响，此即"眼图"分析法。

观察"眼图"的方法是：把待测的基带信号加至示波器的垂直放大（Y 轴）输入端，同时把位定时脉冲加至外同步输入端，使示波器水平扫描周期与码元同步（为码元周期的整数倍），则示波器显示出类似人眼的图案——"眼图"。它是一种简便、直观、有效的衡量码间干扰的方法。对于二元码，一个码元周期内只能观察到一只眼睛。"眼睛"的张开程度可以作为基带传输系统性能的一种度量，它不但能反映出码间干扰的影响，而且也能反映出信道噪声的影响。图 5-14 所示为某一基带信号波形及其"眼图"。

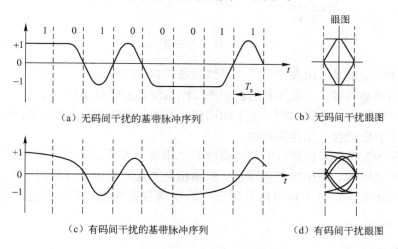

（a）无码间干扰的基带脉冲序列　　　　　　（b）无码间干扰眼图

（c）有码间干扰的基带脉冲序列　　　　　　（d）有码间干扰眼图

图 5-14　基带信号波形及眼图

在不考虑噪声的情况下，一个二进制的基带系统将在接收滤波器的输出端得到一个基带脉冲序列。如果基带传输特性是无码间干扰的，则将得到如图 5-14（a）所示的基带脉冲序列；如果基带传输特性是有码间干扰的，则将得到如图 5-14（c）所示的基带脉冲序列。用示波器观察图 5-14（a）波形，将示波器扫描周期调整为与码元周期相同，由于示波器荧光屏的余辉作用，会把若干码元重叠的波形显示出来。因为图 5-14（a）波形是无码间干扰的，所以重叠的波形能完全重合，如图 5-14（b）所示，即示波器显示的迹线又细又清晰。当观察图 5-14（c）波形时，由于存在码间干扰，示波器的扫描迹线不能完全重合，于是形成的迹线杂乱不清，如图 5-14（d）所示。从图 5-14（b）、图 5-14（d）可以看出，当波形无码间干扰时，眼图像一只完全张开的"眼睛"；当波形有码间干扰时，"眼睛"则部分张开。可见，用眼图的"眼睛"张开大小可反映系统码间干扰的强弱。

当考虑噪声时，由于噪声会叠加在信号波形上，因而眼图的迹线会显得不太清晰，"眼睛"张开更小。为了说明眼图和系统性能之间的关系，可把眼图简化为一个模型，如图 5-15 所示。

"眼图"模型可用以下几个参数来表征：

（1）最佳抽样时刻：眼图中央的垂直线表示最佳抽样时刻，即最佳抽样时刻应设置在"眼睛"张开最大时刻。

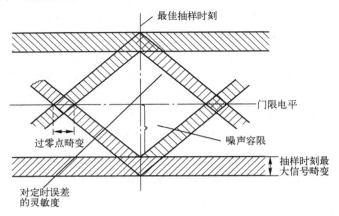

图 5-15   "眼图"模型

（2）判决门限电平：眼图中央的水平线为最佳判决门限电平。

（3）定时抖动灵敏度：眼图斜边的斜率反映系统对定时抖动的灵敏度。

（4）噪声容限：在抽样时刻，上下两阴影区的间隔距离之半为噪声的容限，即若噪声瞬时值超过这个容限就会发生错误判决。

（5）信号畸变范围：阴影区的垂直高度即"眼皮"厚度表示信号畸变的范围。

（6）过零点畸变：图中倾斜阴影带与横轴相交的区间表示了接收波形零点位置的变化范围，即过零点畸变，它对于利用信号零交点的平均位置来提取定时信息的接收系统有很大影响。

思考题

1. 眼图有什么用处？由眼图模型可以说明基带传输系统的哪些性能？

2. 具有升余弦脉冲波形的 HDB3 码的眼图应是什么样的图形？

5.6   时域均衡

在设计传输系统的信道特性时，人们总是希望使之达到无码间干扰和噪声尽可能小的目的。但是，实际的基带传输系统的信道特性既不可能被完全确定，而且也不可能保持恒定不变。我们不可能设计出理想的基带传输系统。实际的系统中总是存在不同程度的码间干扰。因此，在传输系统建立起来之后，通常需要对其传输特性进行校正。这个校正过程便称为均衡，有时也称为补偿。用于实现均衡的电路称为均衡器。均衡器通常是一种滤波电路。均衡分为频域均衡和时域均衡。频域均衡是从频率特性出发，使包括均衡器在内的整个基带传输系统的总传输函数（即频率特性）满足无码间干扰的条件。频域均衡又可分为幅度均衡和相位均衡。幅度均衡主要用来补偿信道及接收滤波器总的幅频特性，使之变得平坦；而相位均衡则用来补偿相频特性，使之呈线性。时域均衡是直接从时间响应的角度出发，使包括均衡器在内的整个基带传输系统的冲激响应满足无码间干扰的条件。时域均衡可以不必预先知道信道的特性，而通过观察波形便可直接对均衡器进行调整。所以，时域均衡有时也称为波形均衡。随着数字信号处理技术和超大规模集成电路的发展，时域均衡已成为高速数据传输中的主要方法。

1. 时域均衡的基本思想

时域均衡是利用均衡器产生的响应波形去补偿已经畸变的波形，使最终的波形在抽样时刻上最有效地消除码间干扰。当发送端发送单个脉冲时，由于系统传输特性的不理想会产生拖尾，则落在其他抽样时刻上的值将不为零，即在 nT_s（$n \neq 0$）时刻会对其他码元进行干扰，如图 5-16（a）中的实线所示。如果设法加上一条补偿波形，如图 5-16（a）中的虚线所示，使之与拖尾波形相反，那么就可把"尾巴"抵消掉。均衡后得到图 5-16（b）所示的波形，这样就不会形成码间干扰。

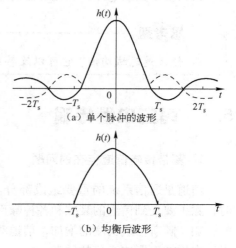

(a) 单个脉冲的波形

(b) 均衡后波形

图 5-16 时域均衡示意图

2. 横向滤波器

时域均衡通常是利用横向滤波器来实现的。它通常被设置在接收滤波器与抽样判决器之间。横向滤波器由带抽头的延迟线和可变增益放大器组成，其结构框图如图 5-17 所示。它共有 $2N$ 节延迟线，每节的延迟时间等于码元宽度 T_B，在各延迟线之间引出 $2N+1$ 个抽头。每个抽头的输出经可变增益放大器加权后再相加输出。

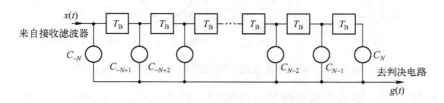

图 5-17 横向滤波器框图

理论上讲，若要完全消除码间干扰，则横向滤波器应有无限多个抽头，这显然是不现实的。因为抽头越多，制造和使用越困难。实际使用时，横向滤波器究竟需要有多少个抽头，主要根据所需的均衡精度来确定。实际应用时，利用示波器观察均衡滤波器输出信号 $g(t)$ 的眼图，通过反复调整各可变增益放大器的 C_i，使眼图的"眼睛"张开到最大为止。

3. 时域均衡的种类

时域均衡按调整方式分为手动均衡和自动均衡。自动均衡又可分为预置式自动均衡和自适应式自动均衡。预置式自动均衡是在数据传输之前发送一特殊的测试脉冲序列，利用输出端得到的样值调整各抽头增益，直到误差小于允许的值为止，而在数据传输过程中不再调整。在实际系统中，有时不允许在传输信息之前先进行预置式自动均衡；再者，即使调整为某一最佳状态，也不能保证信道在传输期间恒定不变。为了能在数据传输过程中，利用数据信号本身对均衡的误差，自动调整可变增益放大器的放大系数，必须采用自适应式自动均

衡。自适应式自动均衡是一门较复杂的技术，这种均衡器过去实现起来较难，但随着大规模、超大规模集成电路和微处理器的应用，其发展非常迅速。

> **思考题**
>
> 什么是时域均衡？它可以改善系统的什么性能？

5.7 再生中继传输

1. 基带传输信道存在的问题

信道是通信系统的重要组成部分。由于信道特性的不理想，当数字信号在信道中传输时，除了要受到信道的衰减和各种噪声的影响外，还要受到因信道频带受限引起的码间干扰的影响。随着信道长度的增加，信道对信号的影响变得较严重，使信号波形失真，结果导致误码率增加而影响通信的质量。

如图 5-18 所示，给出了一个脉宽 $0.4\mu s$、幅度 1V 的矩形脉冲通过不同长度的市话电缆传输后的波形。这种数字信号传输波形的失真主要表现为脉冲波形的底部展宽、产生拖尾。

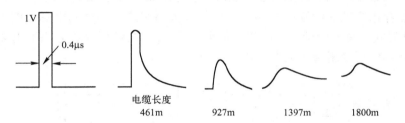

图 5-18　矩形脉冲通过不同长度的市话电缆传输后波形

由图 5-18 可见，随着传输电缆的长度增加，脉冲波形的拖尾现象将愈加严重。一个占空比为 50% 的双极性数字脉冲序列在电缆中传输的波形失真情况如图 5-19 所示，可见也同样存在拖尾失真。

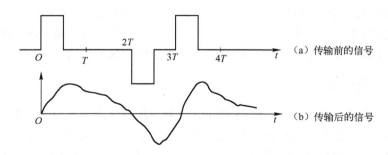

图 5-19　脉冲序列在电缆中传输的波形失真

可以想象，传输距离越长，波形失真越严重。当传输距离达到一定长度时，接收到的信号将很难识别。因此，为了减小和消除这种波形失真，需要在信道的合适位置设置再生

中继器。再生中继器的作用是：当信号的波形失真还不太严重的时候，及时判决、恢复原信号。

2. 再生中继传输系统构成

数字信号在实际信道中以基带方式传输时，由于信道带宽的限制及各种干扰使得信道变得不理想，从而使实际的信道存在着频率失真和相位失真，这样就限制了传输距离。为了实现远距离传输，在两个端局之间适当的距离上要加入再生中继站来校正失真，并经判决和再生后恢复为原始的发送信号，然后再向远方站传送。再生中继传输系统的框图如图 5-20 所示。一个通信系统需要设置多少个再生中继器，主要视通信的距离及通信质量的要求而定。

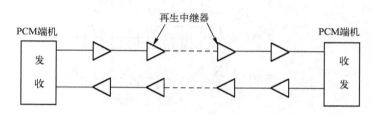

图 5-20　再生中继传输系统

3. 再生中继器方框图

再生中继器由均衡放大器、时钟提取电路和判决再生电路构成，其组成框图如图 5-21 所示。

（1）均衡放大。把有衰减和失真的信号进行均衡校正和放大，使接收到的信号有较好的波形，尽量减少码间干扰。

（2）判决电路。判决电路是一门限检测电路，在时钟控制下恢复原信号波形。要选择最佳时刻进行判决，即在均衡放大波形的最大值处，此外要选合适的判决电平，常选均衡波峰值的一半。

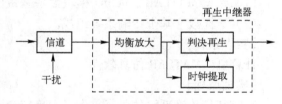

图 5-21　再生中继器框图

（3）时钟提取。为了减少码间干扰，判决电路采用抽样判决方式，从而需要有一个时钟提取电路以提取所需要的定时信号，以保证在信噪比最大时刻进行判决。

定时提取电路的框图及其工作波形如图 5-22 所示。

思考题

1. 再生中继器的功能是什么？试简述其工作原理。

2. 如何提取判决再生所需的定时信号？

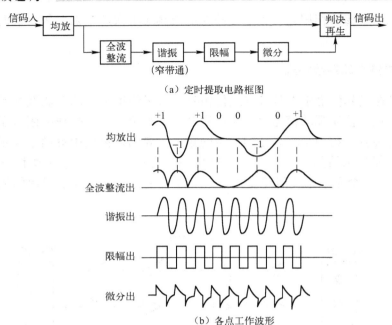

（a）定时提取电路框图

（b）各点工作波形

图 5-22　定时提取电路框图及工作波形

实训 6　数字基带传输系统 simulink 仿真

【实训目的】

（1）熟悉 MATLAB simulink 模块数字基带传输系统仿真过程。

（2）掌握数字基带传输系统组成。

【实训条件】

计算机、MATLAB 仿真软件。

【实训原理】

数字基带传输系统的仿真首先必须确定合适的基带信号码型，实验采用三阶高密度双极性码（HDB3），最低码速为 2048Kbps，码元间隔为 $T = 1/2097152$（s）。HDB3 码是现在应用较广泛的码型之一。

1. 信道编码器和解码器的设计

在 simulink 的模块库中，没有对信道直接编码的模块，故而采用 S 函数，自行设计编码程序。HDB3 码对输入的基带信号要求一次至少读入四位进行比较和输出，但从 simulink 中对离散系统工作状态可以知道一次只能判决一位，因此必须采用对前三位延时保留一个码元持续时间 $T = 1/2097152$（s）为系统采样时间。于是采用信道编码模块的采样时间要和前一个模块的采样时间一致，即 S 函数的采样时间特性设为继承前一模块，设置 SampleTime = −1。信号的延迟设置，采用 simulink 模块库中提供的 UnitDelay（单位延迟器）。对其中所有 UnitDelay 模块设置初始信号为 1，采样时间为继承其他模块，即 SampleTime = −1。采用对

于输入一次查四位，对于码元每位被查四次的模式，当信号在延迟中，同时被预输出，实现无因果关系的码元间的因果输出。为节省内存空间，在函数中只设有限个变量，在充分利用原有变量的原则下，考虑利用输入变量 u 的向量特性，把输入的 4 个信号用 simulink 提供的 singals&systems（信号与系统）模块库的模块 Mux（向量合成模块）输入向量 u。模块 Mux 的功能是将多个输入顺序合成一个向量输出信号。如图 5-23 所示为整体设计模型图。

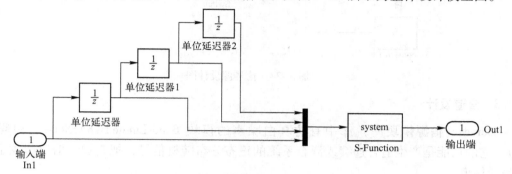

图 5-23　整体设计模型图

其中，S-Function 模块是使函数的参数以模块形式在模型中运行。模块 In1 功能是对一个子系统或外部输入提供一个输入端口。模块 Out1 功能是对一个子系统或内部输出提供一个输出端口。参数保持默认值。信道编码函数的输入得到解决，就可以设计函数了。在 simulink 中，系统采样时才初始化。

具体实现解码分两步进行：

① 程序实现 HDB3 码向 AMI 码的解码。

② AMI 码基带信号解码。考虑到时间特性是没有因果关系的，故而也只能采用延时的办法产生码元间因果关系，才能在程序中实现信息恢复。和信道编码一样，采用 S 函数来实现模块功能，由于有四个输入关系，用同样方法通过模块 Mux 实现多信号输入合成向量得到，S 函数的一个输入 u，因而实现和信道编码类似。S 函数的程序实现 HDB3 码向 AMI 码的解码。

2. 信号源设计

在 simulink 中没有这种信号源，对它的仿真模块采用子系统方式。主体采用 source（信号模块库）的模块 UniforRandomNumber（产生均匀分布的随机数）。该模块用于产生在指定时间区间内的有起始种子的随机数，它的参数 SampleTime = 0.000000477。其他参数保持默认值，因而它产生的值在 0～1 之间变化，再用 Nonlinear（非线性模块库）的模块 Switch（两个输入模块）进行判决。模块 Switch 功能是根据第二个输入决定输出其他两个中的一个；判决方式是当第二个输入大于或等于参数 Threshold 的值时，则输出第一个，否则输出第三个。由于模块 UniforRandomNumber 产生的数均匀分布，参数可任意设置；为了检验编码和解码器对 BHD3 码的效果，加大连"0"码的概率，这里设参数 Threshold = 0.75。对于模块 Switch 的另两个输入用 Souce（源模块库）的 constant（常数源模块）。它的功能是产生一个常数输出信号。它们的参数 Constantvalue 分别设为"1"和"0"，且参数设为"1"的模块用信号线和模块 Switch 的第一个入口相连。如图 5-24 所示为信号源设计图。

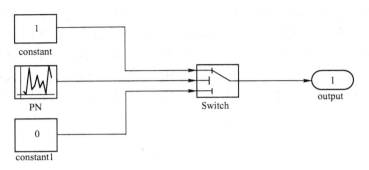

图5-24　信号源设计图

3. 信道设计

Sources（信源模块库）库中有仿真白噪声的模块 Band-LimitedWhiteNoise（白噪声信号）。它的功能是产生适合连续或混合系统的正态分布随机信号，把它加入信道就成了白噪声高斯信道。

4. 滤波器设计

发送和接收滤波器性能的好坏直接决定了基带传输通信系统的好坏。在仿真中，使用 simulink 提供的 Discrete（离散模块库）中的模块 DiscreteFilter（离散滤波器），等效理想低通特性的升余弦滤波器是数字信号基带传输系统的最理想选择。

5. 同步系统

在仿真实现中用 math 库中的模块 Gain（增益模块）和 Nonlinear 中的模块 Saturation（饱和度模块）来进行放大限幅。滤波器采用 5-26 窄带滤波器。采用 simulink 模块库中提供的 UnitDelay（单位延迟器）模仿移相器的功能，用时间延迟来实现相位的变化，只要合理选定时间就能实现最佳判决。实现时，把它置于脉冲形成电路之后，来实现对抽样的延迟。如图 5-25 所示为脉冲形成模块图。脉冲形成模块的主要功能是寻找需要的方波上的点，选择抽样点在码元的中间时刻，即方波的极值点，由于波形有正负两部分，则选用 Nonlinear（非线性模块库）的模块 Switch（两个输入模块）作为比较器，进行离散化，得到抽样脉冲；根据电路的衰减不同，其参数可调整，这里第一个模块 Switch 参数 threshold =0.95，另一个设为 - 0.95。对于模块 Switch 的输入用 Sources（源模块库）的 constant（常数源模块），它们的参数 Constantvalue 分别设为 "1"、"0" 和 " -1"，且参数设为 "1" 的模块用信号线和模块 Switch 的第一个入口相连。

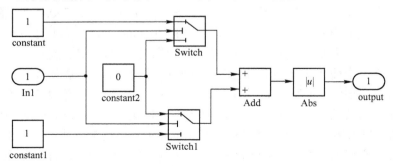

图5-25　脉冲形成模块图

其中两模块 Switch 后的模块是 Math 库中的 Add（求和模块）；它的功能是对输入信号求和，然后输出结果。同步系统具体实现如图 5-26 所示。

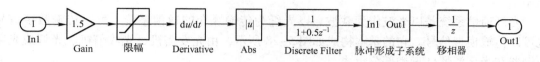

图 5-26 同步系统

6. 抽样判决部分的设计

抽样判决分为抽样和判决两部分。抽样是接收滤波器的输出信号和定时脉冲的输出信号相乘，到定时点时的值再送入判决器，根据开始规定的判决规则进行判决。因此抽样部分可用 math（数学库）中的模块 product（乘法器）来实现。模块 product 的功能是对每个输入进行乘法运算，然后输出。由于是对定时信号和信息求积，则它的参数 Numberofinputs = 2。判决部分用两个 Nonlinear（非线性模块库）的模块 Switch（两个输入模块）来比较，参数设定 threshold = 0.85。Souce（信源模块库）的 Constant（常数源模块）三个参数 Constantvalue 分别设为"1"、"−1"和"0"。鉴于模块 Switch 的判决准则，参数设为"1"的模块用信号线和第一个模块 Switch 的第一个入口相连，"−1"模块和另一个模块 Switch 的最后一个入口相连，如图 5-27 所示。

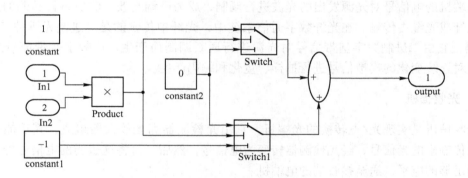

图 5-27 抽样判决器模型

【实训内容与要求】
（1）利用 MATLAB 软件的 simulink 模块实现数字基带传输系统仿真。
（2）利用 MATLAB 软件仿真示波器观察数字基带传输仿真系统输出波形。

案例分析 5 光纤数字通信系统

光纤通信是 20 世纪 70 年代初兴起的一门高新技术，其作为信息化的主要技术支柱之一，担负着信息传输的重任。它最适合实现大容量、长距离的宽带业务和数字信号的传输。现在，光纤通信的应用范围，除邮电公用通信网外，在 CCTV 和 CATV 系统、数据通信系统、公交监控系统、电力通信、铁路通信、军用通信、油田矿井、仪器仪表、遥感遥测和飞机舰艇等方面都得到了极其广泛的应用，许多新的应用还在不断开拓之中。

光纤通信系统是以光波作为载波、以光纤为传输媒介的通信系统，可以传输数字信号，也可以传输模拟信号。它的基本构成如图5-28所示，由光发信机、光收信机、光纤或光缆、中继器和光无源器件五个部分组成。

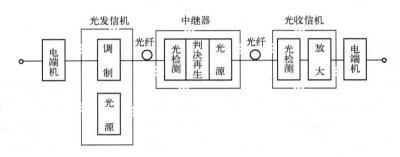

图5-28 光纤通信系统基本组成

1. 光发信机

光发信机是实现电/光转换的光端机。它由光源、驱动器和调制器组成，其功能是将来自于电端机的电信号对光源发出的光波进行调制，成为已调光波，然后再将已调的光信号耦合到光纤或光缆去传输。在光纤数字通信系统中，光纤中传输的是二进制光脉冲"0"码和"1"码，它由二进制数字基带信号对光源进行通断调制而产生，而数字基带信号是由PCM电端机对连续变化的模拟信号进行抽样、量化和编码产生。

2. 光收信机

光收信机是实现光/电转换的光端机。它由光检测器和光放大器组成，其功能是将光纤或光缆传输来的光信号，经光检测器转变为电信号，然后，再将这微弱的电信号经放大电路放大到足够的电平，送至接收端的电端机。

3. 光纤或光缆

光纤或光缆构成光的传输通路，其功能是将发信端发出的已调光信号，经过光纤或光缆的远距离传输后，耦合到收信端的光检测器上去，完成传送信息任务。

4. 中继器

中继器由光检测器、光源和判决再生电路组成。它的作用有两个：一个是补偿光信号在光纤中传输时受到的衰减；另一个是对波形失真的脉冲进行整形。

5. 光纤连接器、耦合器等无源器件

由于光纤或光缆的长度受光纤拉制工艺和光缆施工条件的限制，且光纤的拉制长度也是

有限度的（如1km）。因此一条光纤线路可能存在多根光纤相连接的问题。于是，光纤间的连接、光纤与光端机的连接及耦合，对光纤连接器、耦合器等无源器件的使用是必不可少的。

通过上面的分析，我们不难看出，光纤数字通信系统传输的是由电端机输出的数字基带信号，只不过进行了光/电和电/光转换。因此，光纤数字通信系统可以看成是一种带再生中继的数字基带传输系统。国际通用于高速光纤通信的数字设备接口码型是CMI码，线路传输码型是5B6B码。当然，为了提高系统的通信容量，光纤通信系统中也采用复用技术，在一根光纤中同时传输多个不同波长的光信号，称为光波分复用技术。

> **思考题**
>
> 什么是光纤通信?光纤通信系统中是哪部分电路实现了光/电的转换?

知识梳理与总结5

1. 知识体系

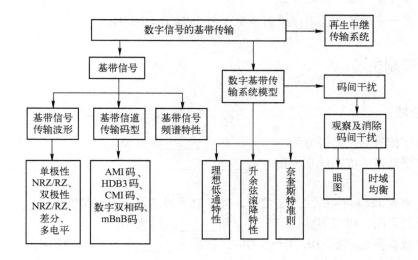

2. 知识要点

（1）数字信号的传输有基带传输和频带传输两种方式。未经调制而直接进行传输的方式称为基带传输；包含调制和解调装置的数字信号传输方式称为频带传输。

（2）基带信号是指未经调制的信号，这些信号的特征是频谱从零频或者低频率开始，占用较宽的频带。基带信号在传输前必须经过一些处理或者变换才能送入信道中传输。处理或变换的目的是使信号的特性与信道的传输特性相匹配。

（3）数字基带信号由消息代码的电波形表示。其表示形式有多种，有单极性和双极性波形、归零和非归零波形、差分波形、多电平波形，等概双极性波形没有直流分量，有利于信道中传输；单极性归零波形中含有定式频率分量，常作为提取位同步信息的过渡性波形；差分波形可以消除设备初始状态的影响。

（4）线路编码用来把原始信息代码变换成适合于基带信道传输的码型，常见的传输码型有 AMI 码、HDB3 码、数字双相码、CMI 码、mBnB 码等，这些码各自有自己的特点，可以针对具体系统的要求来选择。

（5）基带信号传输时，会产生码间干扰问题。奈奎斯特第一准则给出了传输脉冲序列无码间干扰的条件。理想低通能满足奈奎斯特第一准则，但无法实现其陡峭的过渡带特性；实际采用的是升余弦滚降特性，其频带利用率低于 2Baud/Hz 的极限利用率。

（6）实际信道特性不可能理想，总是存在码间干扰和噪声。"眼图"分析法是用实验手段观察码间干扰和噪声影响从而估计通信系统质量的有效方法。

（7）均衡是对通信系统的传输函数进行校正的一种技术。均衡分为时域均衡和频域均衡。目前主要采用时域均衡，它是利用波形补偿的方法对失真的波形直接加以校正。时域均衡器又称横向滤波器。

（8）再生中继传输系统是为了实现远距离传输，而在两个端局之间适当的距离上加入再生中继站来校正失真，并经判决和再生后恢复为原始的发送信号，然后再向远方站传送。

3. 重要公式

- 奈奎斯特第一准则　　$R_B = 2f_c$
- 无码间干扰理想状况下频带利用率　　$\eta_B = R_B/f_c = 2\text{B/Hz}$

 单元测试5

1. 填空题

（1）数字信号的传输可分为_____和_____两大类。

（2）数字基带传输系统主要由_____、_____、_____、_____以及_____组成。

（3）速率为 128Kbps 的二进制信号，理论上需要的最小传输带宽为_____。

（4）通过眼图，可以观察到_____和_____的大小。

（5）时域均衡是利用均衡器产生的响应波形去_____已经畸变的波形，使最终的波形在抽样时刻上最有效地消除_____。

2. 判断题

（1）利用眼图可以观察出码间干扰和噪声的影响，从而估计出通信系统性能的优劣程度。　　　　　　　　　　　　　　　　　　　　　　　　　　　　（　　）

（2）设某数字基带传输系统的带宽为 10MHz，则其无码间干扰时的最高传码率为10MBand。　　　　　　　　　　　　　　　　　　　　　　　　　　　　（　　）

（3）在基带系统中插入均衡器可以减小码间干扰的影响。　　　　　　　（　　）

（4）若某基带传输系统的传输特性为理想的低通滤波特性，则该系统的最高频带利用率为 2Band/Hz。　　　　　　　　　　　　　　　　　　　　　　　　（　　）

（5）当采用升余弦滚降的滚降系数 $\alpha = 1$ 时，系统的频带利用率降为理想低通的一半。

（　　）

3. 作图题

（1）设二进制代码序列为 010110001010，试画出对应的单极性 NRZ 波形、单极性 RZ 波形、双极性 NRZ 波形、双极性 RZ 波形、差分波形和四电平波形。

（2）设二进制代码序列为 01000010100000010000，试画出对应的 AMI 码及 HDB3 码波形。

模块六

数字信号的频带传输

 教学导航6

教	知识重点	1. 数字调制的目的、概念及分类。 2. 数字频带传输系统组成。 3. 2ASK、2FSK、2PSK 信号的调制解调原理、波形、频谱特点。 4. 二进制数字调制系统的性能比较。
	知识难点	1. 2ASK、2FSK、2PSK 解调原理、频谱分析。 2. 二进制数字调制系统的性能比较。 3. QPSK、MSK、GMSK、QAM、OFDM 几种现代调制技术的特点。
	推荐教学方式	1. 通过介绍调制技术在移动通信系统中的应用案例，导出数字调制的理论知识，激发学生学习兴趣。 2. 对调制技术进行分析时，可多用图片、采用多媒体方式教学。 3. 通过实训，使学生加深理解数字信号调制解调的过程。 4. 通过对调制解调器进行案例分析，巩固理论知识，将理论与实际进行结合。
	建议学时	14 学时
学	推荐学习方法	1. 学习时要注意对比和前后联系，区分各种调制技术的特点及应用。 2. 结合波形图、电路框图等来理解各种调制技术。 3. 理论学习要注意结合给出的案例来理解。 4. 重视实训，通过调制解调过程中关键信号的测试和分析来加强理解。
	必须掌握的 理论知识	1. 数字调制的目的、概念及分类。 2. 数字频带传输系统组成。 3. 2ASK、2FSK、2PSK 信号的调制解调原理、波形、频谱特点。 4. 二进制数字调制系统的性能比较。
	必须掌握的技能	1. 会观测 2FSK 调制系统关键点波形，并进行分析。 2. 会观测 2PSK 调制系统关键点波形，并进行分析。

案例导入6 移动通信系统中的调制技术

在现代移动通信系统中，几乎全部都采用了数字调制技术，它是实现高速，高效的移动通信系统的重要保证。以 TD-SCDMA 系统为例，见图 1-10，在对用户数据进行信道编码及交织处理后，对信号进行调制，这里所用的调制技术是数字调制技术中的 QPSK 或 8PSK。

目前应用于移动通信系统的调制技术主要可分为两大类：线性调制技术和非线性调制技术（恒包络调制技术）。

线性调制技术主要有：2PSK、QPSK、OQPSK、$\pi/4$-DQPSK、QAM、16QAM、64QAM、256QAM 等。

非线性调制技术主要有：MSK、TFM、GMSK、OFDM。

移动通信对数字调制技术的要求列举如下：

（1）带宽利用率高。

（2）功率效率高，抗非线性失真能力强。

（3）带外辐射低。

（4）对多径衰落不敏感，抗衰落能力强。

（5）干扰受限的信道，抗干扰能力强。

（6）恒定或近似恒定的包络，解调一般采用非相干方式或插入导频的相干解调。

（7）成本低且易于实现。

由于以上每一要求都有其实际限制，且彼此间又相互关联，要同时达到最佳状态是不可能的。例如，要获得较高的带宽利用率必然导致系统的功率和效率降低；高效率的调制信号通过非线性放大器时就会产生很大的带外辐射，也就导致了对邻信道的干扰。因此，移动通信系统往往采用折中的方案使几种调制方式达到最佳的配合。目前，根据移动通信系统发展过程和通信业务要求不同，各移动通信系统采用的调制方式也各有特点，如表 6-1 所示。

表6-1 各移动通信系统采用的调制方式

标　准	服务类型	主要调制方式
GSM	蜂窝	GMSK
IS-95	蜂窝	上行：OQPSK　下行：2PSK
PHS	无绳	$\pi/4$-DQPSK
CDMA2000	蜂窝	QPSK 和 HPSK
WCDMA	蜂窝	QPSK 和 HPSK
TD-SCDMA	蜂窝	QPSK 和 OFDM
B3G（4G）	蜂窝	OFDM 及其相关技术

以上所列出的应用比较广泛的调制技术都是在基本数字调制技术的基础上发展起来的，本章将主要介绍常见的二进制数字调制系统的原理及性能，然后简要介绍几种改进型数字调制技术。

思考题

移动通信系统中为何要采用调制技术？

 技术解读 6

6.1 数字频带传输系统

数字传输系统分为基带传输和频带传输两种，前面已经对数字信号的基带传输进行了介绍。为适应某种需要（如无线信道传输或多路复用等），大部分传输系统都采用频带传输。数字信号对载波的调制与模拟信号对载波的调制过程类似，同样可以用数字信号去控制正弦载波的振幅，频率或相位的变化。

由于数字基带信号的频谱是从零频开始且集中在低频段，因此只适合在低通型信道中传输。但常见的实际信道是带通型的，例如，各个频段的无线信道、限定频率范围的同轴电缆等。另外，基带信号为脉冲信号，它在普通导线上的传输距离不宜太长，这是由于普通导线对低频、低压信号的损耗较大，最大传输距离为十几千米。为了使数字信号能在带通信道中传输，可以通过把基带信号的频谱搬移到较高的载波频率上来解决，即由数字基带信号对载波进行调制来解决。典型的频带传输系统有数字微波系统、数字光纤通信系统。

数字调制是指用数字基带信号对载波信号的某一参数（幅度、频率或相位）进行控制，使之随基带信号的变化而变化。显然，数字调制种类对应有调幅、调频及调相三种基本形式。已调信号通过信道传输到接收端进行解调，还原成原基带数字信号，包括数字调制和解调环节的传输系统称为数字频带传输系统。

因为正弦信号形式简单，便于产生和接收，所以在大多数的数字通信系统中，都选择正弦信号作为载波。这一点与模拟调制没有本质的差异，它们都属于正弦波调制。数字调制与模拟调制相比的不同点在于模拟调制需要对载波信号的参数连续进行调制，在接收端需要对载波信号的已调参数连续进行估值；而在数字调制中则用载波信号参数的某些离散状态来表征所传输的信息，在接收端只要对这有限个离散值进行判决，从而恢复出原始信号。

一般地，数字调制技术可分为两种类型：（1）利用模拟方法实现数字调制，即把数字基带信号当做模拟信号的特例来处理。（2）利用数字信号的离散取值特点去键控载波，从而实现数字调制，这种方法通常称为"键控法"。"键控"就是把数字信号码元对应的脉冲序列看做"电键"对载波的参数进行控制。例如，对载波的振幅、频率及相位进行键控，便可获得幅移键控（ASK）、频移键控（FSK）及相移键控（PSK）三种调制方式。键控法一般由数字电路来实现，它具有调制变换速率快、调整测试方便、体积小和设备可靠性高等特点。

数字频带传输系统的方框图如图 6-1 所示。由图可见，原始数字序列经基带信号形成器变成适合信道传输的基带信号，然后送到调制器处理，形成数字已调信号，并送至信道。接收滤波器把叠加有干扰的有用信号提取出来，并经过解调器恢复出数字基带信号。

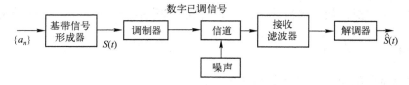

图 6-1　数字频带传输系统方框图

数字调制有哪几种基本的调制方式？

6.2 二进制幅移键控

幅移键控是用数字信号控制载波振幅的一种数字调制方式。幅移键控（Amplitude Shift Keying）简记为 ASK，二进制幅移键控常记为 2ASK。2ASK 最简单的形式是利用代表数字信息 "0" 或 "1" 的矩形脉冲去键控一个连续的载波，使载波时断时续地输出，即有载波输出时表示发送 "1" 码，无载波输出时表示发送 "0" 码，这种方法又称通断键控（On-Off Keying，OOK）。

6.2.1 2ASK 信号的调制

1. 2ASK 信号的产生

幅移键控的实现可以用开关电路来完成。开关电路是以数字基带信号为门脉冲来选通载波信号，从而在输出端得到 2ASK 信号。产生 2ASK 信号的方框图如图 6-2 所示，它利用二进制信号 $S(t)$ 来控制开关的通断，即当二进制数字信号为 "1" 码时，开关接通，输出高频正弦载波；当二进制数字信号为 "0" 码时，开关断开，输出为零。

2. 2ASK 信号的波形

2ASK 信号的波形示意图如图 6-3 所示。

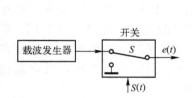

图6-2 2ASK 信号的产生方框图

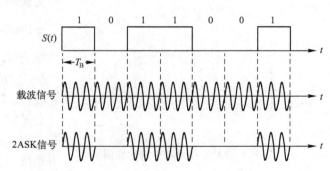

图6-3 2ASK 信号波形示意图

3. 2ASK 信号的功率谱及带宽

在一般情况下，调制信号是二进制脉冲序列，可表示为

$$S(t) = \sum a_n g(t - nT_B) \tag{6-1}$$

式中，T_B 为调制信号码元间隔；$g(t)$ 为单个脉冲信号的时间波形；a_n 为二进制数字信息。

二进制幅移键控信号的时域表达式为：

$$S_{ASK}(t) = S(t)\cos 2\pi f_c t = \Big[\sum a_n g(t - nT_B)\Big]\cos 2\pi f_c t \qquad (6-2)$$

由式（6-1）经理论分析可知，调制信号 $S(t)$ 的频谱为：

$$P(f) = f_B P(1-P) \mid G_1(f) - G_0(f) \mid^2 + \sum_{m=-\infty}^{\infty} f_B^2 \mid P G_1(mf_B) +$$
$$(1-P)G_0(mf_B) \mid^2 \cdot \delta(f - mf_B) \qquad (6-3)$$

由于是 2ASK 调制，调制信号的"1"码为全占空矩形脉冲，"0"码则为0，所以可对上式进行简化。$G_1(f)$ 是宽度为 T_B 的单个矩形脉冲的频谱，当 $m \neq 0$ 时 $G_1(mf_B) = 0$，而 $G_0(f)$ $= 0$。故上式可简化为：

$$P(f) = f_B P(1-P) \mid G_1(f) \mid^2 + f_B^2 P^2 \mid G_1(0) \mid^2 \delta(f) \qquad (6-4)$$

据频移定理可得：

$$P_{ASK}(f) = \frac{1}{4}\big[P(f+f_c) + P(f-f_c)\big]$$
$$= \frac{1}{4} f_B P(1-P)\big[\mid G_1(f+f_c)\mid^2 + \mid G(f-f_c)\mid^2\big] +$$
$$\frac{1}{4} f_B^2 (1-P)^2 \mid G_1(0)\mid^2 \big[\delta(f+f_c) + \delta(f-f_c)\big] \qquad (6-5)$$

$G_1(f)$、$P(f)$ 及 $P_{ASK}(f)$ 的示意图如图 6-4 所示。

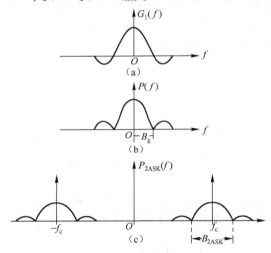

图 6-4　2ASK 信号功率谱示意图

由图 6-4 可知，幅移键控信号的功率谱是基带信号功率谱的线性搬移，其频带宽度是基带信号的两倍，即 2ASK 信号的带宽 $B_{2ASK} = 2f_B$，其中 f_B 是基带信号的带宽。而 f_B 在数值上等于 R_B。说明 2ASK 信号的传输带宽是码元速率的两倍，则其频带利用率为 $\frac{1}{2}$ Baud/Hz。这意味着用 2ASK 方式传送码元速率为 R_B 的数字信号时，要求该系统的带宽至少为 $2R_B$（Hz）。可见，2ASK 的频带利用率较低。2ASK 信号的主要优点是易于实现，缺点是抗干扰能力不强，主要用在低速数据传送中，最初用于电报系统，目前在数字通信系统中使用较少。

6.2.2　2ASK 信号的解调

2ASK 信号的解调方法有两种，即非相干解调（包络解调）法和相干解调法。

1. 包络解调法

包络解调法的方框图如图 6-5 所示，带通滤波器的作用是滤除信号中的干扰，让有用的 2ASK 信号完整地通过。经包络检波后，输出其包络。低通滤波器的作用是滤除高频杂波，

使基带包络信号通过。抽样判决器包括抽样、判决及码元形成。定时抽样脉冲是很窄的脉冲，通常位于每个码元的中央位置，其重复周期等于码元的宽度。

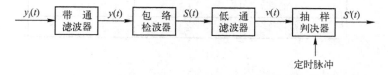

图 6-5 2ASK 信号的包络解调法方框图

2. 相干解调法

相干解调法也称同步解调法，其方框图如图 6-6 所示。同步解调时，接收机要产生一个与发端载波同频同相的本地载波信号，利用此载波与收到的已调波相乘。图 6-6 中相乘器的输出为

$$z(t) = y(t) \cdot \cos\omega_c t = S(t) \cdot \cos^2\omega_c t$$
$$= \frac{1}{2}S(t) + \frac{1}{2}S(t) \cdot \cos 2\omega_c t \tag{6-6}$$

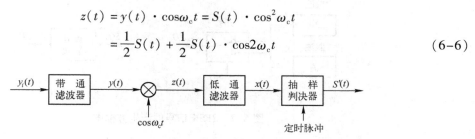

图 6-6 2ASK 信号相干解调法方框图

式（6-6）中，第一项为基带信号，第二项是以 $2\omega_c$ 为载波的成分，两者频谱相距很远。经低通滤波器滤波后，即可输出 $S(t)/2$ 信号。相干解调的特点为：

（1）相干解调的抗噪声性能优于非相干解调系统。这是由于相干解调利用了相干载波与信号的相关性，起到了增强信号与抑制噪声的作用。

（2）相干解调需要插入相干载波，使得其设备复杂、成本高。

一般而言，对于 2ASK 系统，在大信噪比条件下采用包络解调，即非相干解调；而在小信噪比条件下则应采用相干解调。

> **思考题**
>
> 2ASK 相干解调中的本地载波若与发送端载波同频不同相，还能正确解调吗？

6.3 二进制频移键控

频移键控（Freguency Shift Keying）是利用载波的频率变化来传送数字信息，即用数字信息来控制调频波的频率变化。二进制频移键控简记为 2FSK。对 2FSK 信号而言，是用频率为 f_1 的载波波形表示 "1" 码或 "0" 码；而用频率为 f_2 的载波波形表示 "0" 码或 "1" 码。其对应关系如表 6-2 所示。

表6-2　载波频率与二进制数字之间对应关系

载波频率	数字信息	数字信息
f_1	0	1
f_2	1	0

6.3.1　2FSK 信号的调制

1. 2FSK 信号的产生

2FSK 信号的产生方法有两种，一种是数字键控法，另一种是模拟调制法（直接调频法），如图6-7 所示。

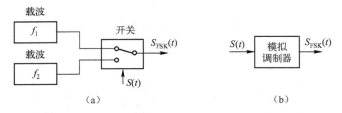

图6-7　2FSK 信号的产生方框图

2. 2FSK 信号的波形

2FSK 信号的波形示意图如图6-8 所示。

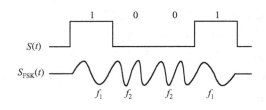

图6-8　2FSK 信号波形示意图

3. 2FSK 信号的频谱及带宽

（1）2FSK 信号的频谱图。由于 2FSK 调制属于非线性调制，其频谱特性的分析比较困难。如果产生 f_1 和 f_2 的两个振荡器是独立的，则输出的 2FSK 信号的相位是不连续的。对于相位不连续的 2FSK 信号，可视其为两个 2ASK 信号的叠加，其中一个载波频率为 f_1，另一个载波频率为 f_2，如图6-9 所示。

因此，2FSK 信号的功率谱可以看成是两个 2ASK 信号的功率谱之和。

即

$$P_{\text{FSK}}(f) = P_{\text{ASK}}(f)\,|_{f_1} + P_{\text{ASK}}(f)\,|_{f_2}$$

若 FSK 信号中 f_1 出现的概率为 P，f_2 出现的概率为 $1 - P$，则

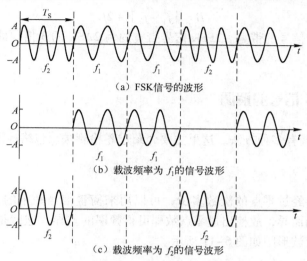

（a）FSK信号的波形

（b）载波频率为 f_1 的信号波形

（c）载波频率为 f_2 的信号波形

图6-9　2FSK波形的分解

$$P_{\text{FSK}}(f) = \frac{1}{4}f_B P(1-P)\left[\,|G(f+f_1)|^2 + |G(f-f_1)|^2\,\right] +$$

$$\frac{1}{4}f_B^2(1-P)^2\,|G(0)|^2[\delta(f+f_1)+\delta(f-f_1)] +$$

$$\frac{1}{4}f_B P(1-P)\left[\,|G(f+f_2)|^2 + |G(f-f_2)|^2\,\right] +$$

$$\frac{1}{4}f_B^2(1-P)^2\,|G(0)|^2[\delta(f+f_2)+\delta(f-f_2)] \qquad (6\text{-}7)$$

其功率谱如图6-10所示，由图可见，相位不连续的2FSK信号的功率谱与2ASK信号的功率谱类似，同样由离散谱和连续谱两部分组成。其中连续谱与2ASK信号的相同，而离散谱是位于 f_1、f_2 处的两对冲击，这表明2FSK信号中含有载波 f_1、f_2 的分量。另外，需要说明的是当 f_1、f_2 差距不大时，功率谱将出现单峰；当 f_1、f_2 差距较大时，功率谱出现双峰。

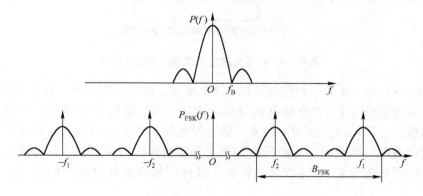

图6-10　2FSK信号功率谱

（2）2FSK信号的带宽。若仅计算2FSK信号功率谱第一个零点之间的频率间隔，则该2FSK信号的频带宽度为

$$B = |f_1 - f_2| + 2f_B \tag{6-8}$$

式中，f_B 是基带信号的带宽。2FSK 信号带宽约为 2ASK 的 3 倍，即系统频率利用率只有 2ASK 的 1/3 左右。

6.3.2　2FSK 信号的解调

2FSK 信号的解调有多种方法。这里主要介绍过零检测法、包络检测法和同步解调法。

1. 过零检测法

单位时间内信号经过零点的次数多少，可以用来衡量信号频率的高低。2FSK 信号的过零点数目随载波不同而异，故检出过零点数即可得频率的差异，这就是过零检测法的解调思路。其原理方框图及波形图如图 6-11 所示。

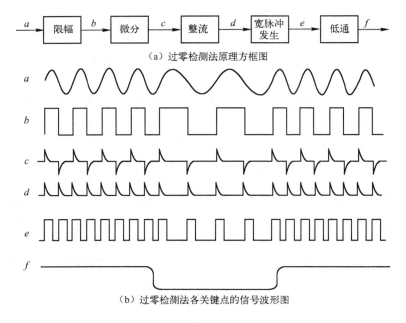

（a）过零检测法原理方框图

（b）过零检测法各关键点的信号波形图

图 6-11　过零检测法原理方框图及波形图

图 6-11（a）中，a 为一相位连续的 2FSK 信号，经放大限幅得一矩形方波 b，经微分电路得到双向微分脉冲 c，经全波整流得单向尖脉冲 d，单向尖脉冲的疏密程度反映了信号过零点的数目，用单向尖脉冲去触发一脉冲发生器，产生一串矩形归零脉冲 e，脉冲串 e 的直流分量代表信号的频率，脉冲越密，直流分量越大，即说明输入信号频率越高。经低通滤波就可得到直流分量 f，完成频幅转换，进而可据直流分量幅度的差异还原出原数字信号。

2. 包络检测法

如图 6-12 所示为 2FSK 信号的包络检测法方框图及波形图。

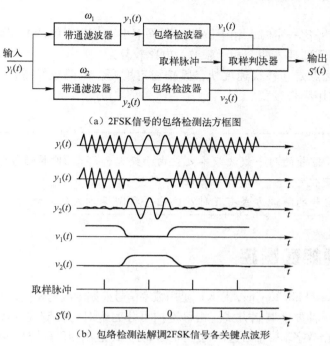

（a）2FSK信号的包络检测法方框图

（b）包络检测法解调2FSK信号各关键点波形

图 6-12　包络检测法方框图及波形图

图 6-12（a）中，用两个窄带的分路滤波器分别滤出频率为 f_1 及 f_2 的高频信号，经包络检测后分别取出它们的包络，把两路输出同时送至抽样判决器进行比较，从而判决输出原基带数字信号。设频率 f_1 的载波代表数字信号"1"，频率 f_2 的载波代表数字信号"0"，则抽样判决器的判决准则应为：若 $v_1 > v_2$，则判为"1"码；若 $v_1 < v_2$，则判为"0"码。

包络检测法电路较为复杂，但包络检测无需相干载波。一般而言，大信噪比时常用包络检测法，小信噪比时采用相干解调法。

3. 同步解调法

2FSK 信号的同步解调法方框图如图 6-13 所示。

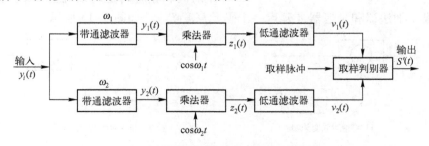

图 6-13　2FSK 信号的同步解调法方框图

图 6-13 中，两个带通滤波器起分路作用，它们的输出分别与相应的同步载波相乘，再分别经低通滤波器取出含基带数字信息的低频信号，滤掉二倍频信号，抽样判决器在抽样脉冲到来时对两个低频信号进行比较判决，即可还原出数字基带信号。

理论分析可知：

（1）在输入信噪比一定时，相干解调的误码率小于非相干解调的误码率。

（2）相干解调需要插入两个相干载波，电路较复杂。

2FSK 调制的优点是：转换速度快，频率稳定度高，电路较简单，抗干扰能力强，应用广泛。缺点是：占用频带较宽。

思考题

1. 若2FSK信号的两个载波频率之差由小变大，那么2FSK信号的频谱图是否会发生变化？如何变化？

2. 2FSK 信号的解调方式有几种？画出每种解调方式的解调方框图。

6.4　二进制相移键控

相移键控（Phase Shift Keying，PSK）是用数字信号控制载波的相位，使载波的相位随数字信号的变化而变化的一种数字调制方式。相移键控可分为绝对相移键控（PSK）和相对相移键控（DPSK）两种；根据数字基带信号进制的不同又可分为二进制相移键控和多进制相移键控。

6.4.1　绝对码和相对码

绝对码和相对码是相移键控的基础。绝对码是以基带信号码元的电平直接表示数字信息，如用高电平代表"1"码，低电平代表"0"码。相对码（又称差分码）是用基带信号码元的电平相对前一码元的电平有无变化来表示数字信息的。如用相对电平有跳变表示"1"码，相对电平无跳变表示"0"码。由于初始参考电平有两种可能，因此，相对码有两种可能的波形，如图6-14 所示。

图 6-14　相对码波形

绝对码和相对码是可以相互转换的。实现的方法是使用模 2 加法器和延迟器（延迟一个码元宽度 T_B），如图 6-15 所示。

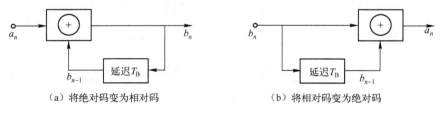

（a）将绝对码变为相对码　　　　　　（b）将相对码变为绝对码

图 6-15　绝对码和相对码转换方框图

图 6-15（a）是将绝对码变成相对码，称其为差分编码器，完成的功能是 $b_n = a_n \oplus b_{n-1}$（$n-1$ 表示 n 的前一个码），图 6-15（b）是把相对码变为绝对码，称为差分译码器，完成的功能是 $a_n = b_n \oplus b_{n-1}$。

6.4.2　二进制绝对相移键控

二进制绝对相移键控（2PSK）是利用载波的相位偏移（指某一码元所对应的已调波与参考载波的初相差）直接表示数字信号的相移方式，即用 0 相载波表示数字信号"1"码，用 π 相载波表示数字信号"0"码，其对应关系如表 6-3 所示。

表 6-3　载波相位初相差与二进制数字之间对应关系

载波相位初相差	数 字 信 息	数 字 信 息
0	0	1
π	1	0

1. 2PSK 信号的产生

2PSK 信号的产生可采用相位选择法，其原理方框图如图 6-16 所示。

2. 2PSK 信号的波形

2PSK 信号的波形示意图如图 6-17 所示。

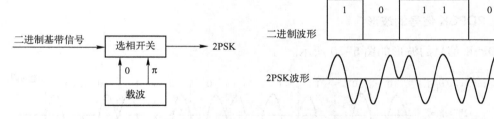

图 6-16　2PSK 信号的产生原理方框图　　　图 6-17　2PSK 信号的波形示意图

3. 2PSK 信号的相干解调

2PSK 信号的相干解调方框图如图 6-18 所示。

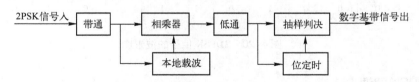

图 6-18　2PSK 信号相干解调方框图

图 6-18 中，带通滤波器的作用是对输入的 2PSK 信号进行选通，滤除干扰。再将 2PSK 信号与本地载波相乘以实现解调。低通滤波器的作用是滤除无用成分。最后将有用信号送入抽样判决器进行判决，从而得到数字基带信号。

在 2PSK 信号中，相位变化是以一个固定初相的未调载波信号作为参考基准的。解调时必须有与此载波同频同相的同步载波。由于在接收端恢复载波时通常要采用二分频电路，它可能造成相位模糊，即用二分频电路恢复出的载波可能与发端载波同相，也可能反相，而且会随机跳变。如果本地载波与发端载波反相，则判决出的数字信号全错，即与发送数码完全相反。为了克服 2PSK 存在的相位模糊问题，引入了相对相移键控（DPSK）。

6.4.3 二进制相对移相键控

二进制相对相移键控（2DPSK）是利用前后相邻码元的相对载波相位值来表示数字信号的相移方式。一般用前后相邻码元的相位差 $\Delta\varphi = \pi$ 表示数字信号"1"，用前后相邻码元的相位差 $\Delta\varphi = 0$ 表示数字信号"0"。

1. 2DPSK 调制

二进制相对相移键控信号产生的方框图如图 6-19 所示。

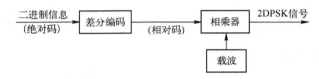

图 6-19　2DPSK 信号产生的方框图

2. 2DPSK 信号的波形

2DPSK 信号的波形如图 6-20 所示。

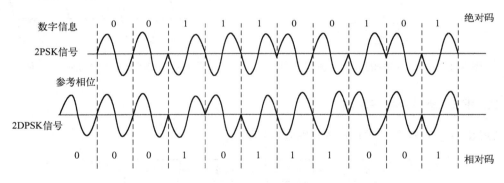

图 6-20　2DPSK 信号的波形图

3. 2DPSK 解调

2DPSK 信号的解调有两种实现方法，即相干解调和差分相干解调。

（1）相干解调法（又称极性比较法）的方框图及各关键点波形图如图 6-21 所示。图 6-21（a）中，输入的 2DPSK 信号经带通滤波器滤除干扰，送入相乘器与本地载波相乘，经低通滤波器取其包络，再经抽样判决得到规则脉冲波形，因其为相对码，所以还须经码反变换器变换为原数字信号。

（2）差分相干解调法（又称相位比较法）的方框图及各关键点波形示意图如图 6-22 所示。

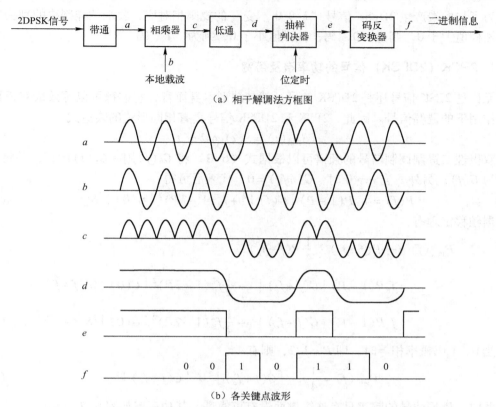

（a）相干解调法方框图

（b）各关键点波形

图 6-21 2DPSK 相干解调法方框图及各点波形图

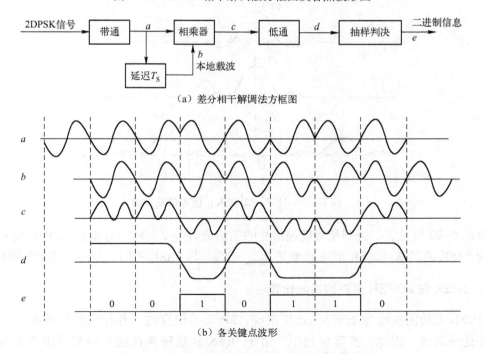

（a）差分相干解调法方框图

（b）各关键点波形

图 6-22 2DPSK 差分相干解调法方框图及波形图

为了与发端产生 2DPSK 信号"1变0不变"的规则相对应，收端抽样判决的判决准则应为：抽样值大于0，判为"0"码；抽样值小于0，判为"1"码。

4. 2PSK（2DPSK）信号的功率谱及带宽

无论是 2PSK 信号还是 2DPSK 信号，就其波形本身而言，它们都可以等效成双极性基带信号作用下的调幅信号。因此，2PSK 和 2DPSK 信号具有相同形式的表达式。

$$S_{PSK}(t) = S(t)\cos 2\pi f_c t \tag{6-9}$$

双极性二进制调制信号的频谱可以根据式（6-3）将 $G_0(f)$ 用 $-G_1(f)$ 代替，并将 $G_1(f)$ 简记为 $G(f)$；另外，当 $m \neq 0$ 时，$G(mf_B) = 0$。代入后可得：

$$P(f) = 4f_B P(1-P) \mid G(f) \mid^2 + f_B^2(1-2P)^2 \mid G(0) \mid^2 \delta(f) \tag{6-10}$$

据频移定理有：

$$P_{PSK}(f) = \frac{1}{4}P(f+f_c) + \frac{1}{4}P(f-f_c)$$

$$= f_B P(1-P) \mid G(f+f_c) \mid^2 + \frac{1}{4}f_B^2(1-2P)^2 \mid G(0) \mid^2 \delta(f+f_c) +$$

$$f_B P(1-P) \mid G(f-f_c) \mid^2 + \frac{1}{4}f_B^2(1-2P)^2 \mid G(0) \mid^2 \delta(f-f_c) \tag{6-11}$$

当0、1码概率相等时，即 $P = 1/2$，则有

$$P_{PSK}(f) = \frac{1}{4}f_B \left[\mid G(f+f_c) \mid^2 + \mid G(f-f_c) \mid^2 \right] \tag{6-12}$$

此时，PSK 信号的频谱只有连续谱而没有离散谱，其功率谱如图6-23所示。

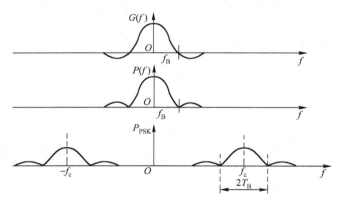

图6-23　2PSK（2DPSK）信号的功率谱

由图6-23可见，二进制相移键控信号的频谱成分与 2ASK 信号相同，2PSK 信号功率谱幅度为 2ASK 的四倍。2PSK 信号的带宽 $B_{2PSK} = 2f_B$，与 2ASK 相同，是码元速率的两倍。

5. 2PSK 与 2DPSK 系统的性能比较

2DPSK 系统的抗噪性能不及 2PSK 系统，2PSK 系统存在"相位模糊"问题，而 2DPSK 不存在这一问题。因此，实际应用中，由于 DPSK 在抗噪声性能及频带利用率方面比 FSK 好，故被广泛用于数字通信中。

6.5　二进制数字调制系统的性能比较

数字频带传输系统的性能可以用误码率来衡量。对于各种调制方式，系统误码率性能总结于表 6-4 中。

表6-4　二进制数字调制系统误码率公式一览表

调制方式	解调方式	误码率公式	带　宽
2ASK	相干解调	$\dfrac{1}{2}\mathrm{erfc}\sqrt{\dfrac{r}{2}}$	$2f_B$
	非相干解调	$\dfrac{1}{2}\mathrm{e}^{-r/4}$	
2PSK 和 2DPSK	相干 2PSK	$\dfrac{1}{2}\mathrm{erfc}\sqrt{r}$	$2f_B$
	差分相干 2DPSK	$\dfrac{1}{2}\mathrm{e}^{-r}$	
2FSK	相干解调	$\dfrac{1}{2}\mathrm{erfc}\sqrt{\dfrac{r}{2}}$	$\left|f_2-f_1\right|+2f_B$
	非相干解调	$\dfrac{1}{2}\mathrm{e}^{-r/2}$	

如图 6-24 所示，给出了各种二进制数字调制的误码率曲线图。

由表 6-4 和图 6-24 可知，2PSK 相干解调的抗噪声能力优于 2ASK 和 2FSK 相干解调。在相同误码率条件下，2PSK 相干解调所要求的信噪比 r 比 2ASK 和 2FSK 要低 3dB，这意味着发送信号的能量可以减少一半。

总之，二进制数字传输系统的误码率与信号的调制及解调方式有关。无论采用何种方式，其共同点是当输入信噪比增大时，系统的误码率就降低；反之，误码率就增大。由此可得出以下几点：

（1）在调制方式相同的情况下，相干解调的抗噪声性能优于非相干解调。但是，随着信噪比 r 的增大，相干与非相干的误码性能的相对差别越不明显，误码率曲线越靠拢。另外，相干解调的设备比非相干的要复杂。

（2）相干解调时，在相同误码率的条件下，对信噪比 r 的要求是：2PSK 比 2FSK 小 3dB，2FSK 比 2ASK 小 3dB。在非相干解调时，在相同误码率的条件下，对信噪比 r 的要求是：2DPSK 比 2FSK 小 3dB，2FSK 比 2ASK 小 3dB。

（3）2ASK 要严格工作在最佳判决门限电平较困难，其抗振幅衰落的性能差。2FSK、2PSK、2DPSK 最佳判决门限电平为 0，容易设置，都有很强的抗振幅衰落性能。

（4）2FSK 的调制指数 h 通常大于 0.9，此时，在相同传码率的条件下，2FSK 的传输带宽比 2PSK、2DPSK、2ASK 的宽，即 2FSK 的频带利用率低。

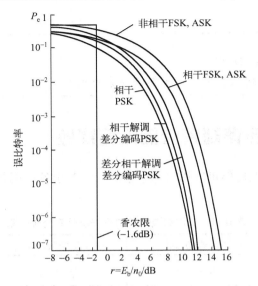

图 6-24　各种二进制调制误码率曲线

思考题

1. 应如何去选择一个系统的调制解调方式？
2. 试比较 2ASK，2FSK 及 2PSK 的信号带宽及频带利用率。

6.6　现代数字调制技术

6.6.1　正交振幅调制

随着通信技术的发展，频带利用率一直是人们关注的焦点，正交振幅调制（Quadrature Amplitude Modulation，QAM）是一种频带利用率很高的数字调制方式。正交振幅调制是一种双重数字调制，它是用载波的不同幅度及不同相位来表示数字信息的。正交振幅调制是用两个独立的基带信号对两个相互正交的同频载波进行抑制载波的双边带调制，利用这种已调信号在同一带宽内频谱正交的性质来实现两路并行的数字信息传输。正交振幅调制系统方框图如图 6-25 所示，图中 $m_1(t)$ 和 $m_Q(t)$ 是两个独立的带宽受限的基带信号，$\cos\omega_0 t$ 和 $\sin\omega_0 t$

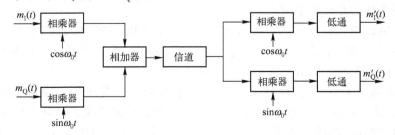

图 6-25　正交振幅调制系统方框图

是两相互正交的载波。由图 6-25 可见，发送端形成的正交振幅调制信号为 $e_0(t) = m_1(t)\cos\omega_0 t + m_Q(t)\sin\omega_0 t$。其中，$\cos\omega_0 t$ 项称为同相信号，或称 I 相信号；$\sin\omega_0 t$ 项称为正交信号，或称 Q 相信号。

四进制正交振幅调制（16QAM）的调制方框图如图 6-26 所示。

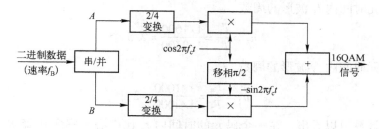

图 6-26　16QAM 调制方框图

输入二进制数据经串/并变换和 2/4 变换后速率为 $f_B/4$，2/4 变换后的电平为 ±1V 和 ±3V 四种，它们分别进行正交调制，再经相加器合成后的信号为 $A\cos 2\pi f_c t - jB\sin 2\pi f_c t$，由于 A、B 各有 4 种幅度，所以合成后信号有 16 个状态。通常，把信号矢量端点的分布图称为星座图，那么这 16 个状态的星座图如图 6-27 所示。

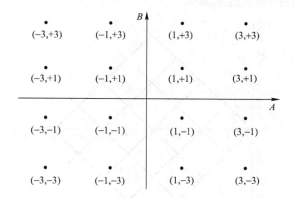

图 6-27　16QAM 星座图

6.6.2　最小频移键控

最小频移键控（MSK）是对频移键控做某种改进，使其相位始终保持连续变化的一种调制。MSK 的调制指数为 0.5。调制指数通常以 h 表示。若二进制频移键控的频率分别为 f_1 和 f_2，中心频率 $f_0 = \dfrac{f_1+f_2}{2}$，设 $|f_1 - f_2| = 2\Delta f$，R_B 为码元速率，则调制指数 $h = \dfrac{|f_1 - f_2|}{R_B} = \dfrac{2\Delta f}{R_B}$，所以 $\Delta f = \dfrac{hR_B}{2}$，当 $h = 0.5$ 时，$\Delta f = \dfrac{R_B}{4}$。

下面举例说明 MSK 调制的原理。

若 $R_B = 1000\text{Baud}$，$f_0 = 2.25\text{kHz}$，则 $T_0 = 1/2250$。因为 $h = 0.5$，所以 $\Delta f = R_B/4 = 1000/4 = 0.25\text{kHz}$。设 $f_1 = f_0 + \Delta f = 2.250 + 0.25 = 2.5\text{kHz}$，$f_2 = f_0 - \Delta f = 2.250 - 0.25 = 2\text{kHz}$。因为

$R_B = 1000 \text{Baud}$，则 $T_B = 1/1000$。

在一个码元时间内 f_0 波形的周数

$$n_0 = \frac{T_B}{T_0} = \frac{1/1000}{1/2250} = 2.25 \text{ 个}$$

在一个码元时间内 f_1 波形的周数

$$n_1 = \frac{T_B}{T_1} = \frac{1/1000}{1/2500} = 2.5 \text{ 个}$$

在一个码元时间内 f_2 波形的周数

$$n_2 = \frac{T_B}{T_2} = \frac{1/1000}{1/2000} = 2 \text{ 个}$$

从上面的计算可以看出：在一个码元的时间内 f_1 比中心频率多 0.25 周，即相当于相移增加 $\pi/2$，f_2 则比中心频率少 0.25 周，即相当于相移少 $\pi/2$。

在进行相位连续的 2FSK 调制时，对应的相位路径如图 6-28 所示。图中信息序列为10011100，并设初始相位为 0。"1" 码发 f_1，相位增加 $\pi/2$；"0" 码发 f_2，相位减小 $\pi/2$。从图看出 MSK 相位呈连续锯齿型变化，而且无论输入是什么序列，相位路径都不会超出图中菱形格子路径之外。以上虽是一个实例的相位路径图，但只要是 $h = 0.5$，相位路径图均相同。符合上述相位路径的调制就是 MSK。

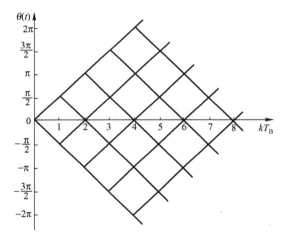

图 6-28　MSK 相位变化图

MSK 又称快速频移键控（FFSK），"快速" 指的是这种调制方式对于给定的频带能以比2PSK 传输更高速的数据；而最小频移键控中的 "最小" 是指这种调制方式能以最小的调制指数（$h = 0.5$）获得正交的调制信号。MSK 调制方式的突出优点是信号具有恒定的振幅以及信号的功率谱在主瓣之外衰减较快。

6.6.3　高斯滤波最小频移键控

尽管 MSK 具有包络恒定、相对较窄的带宽和能进行相干解调的优点，但它还不能满足诸如移动通信中对带外辐射的严格要求，所以还必须对 MSK 做进一步的改进。高斯滤波最小频移键控（GMSK）就是在 MSK 调制器之前，用高斯型低通滤波器对输入数据进行处理，

其原理方框图如图 6-29 所示。如果恰当地选择此滤波器的带宽，就能使信号的带外辐射功率小到可以满足移动通信的要求。

在 GMSK 中，基带信号首先被成型为高斯型脉冲，然后再进行 MSK 调制。由于成型后的高斯脉冲其包络无陡峭沿，也无拐点，因此相位路径得以进一步平滑。GMSK 信号的频谱特性也优于 MSK。GMSK 已确定为欧洲新一代通信的标准调制方式。

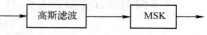

图 6-29　GMSK 原理方框图

6.6.4　QPSK 调制技术

QPSK 是英文 Quadrature Phase Shift Keying 的缩略语简称，意为正交相移键控，也称为四相制相移键控（4PSK），是目前微波和卫星数字通信中最常用的一种载波传输方式，它具有较高的频谱利用率、较强的抗干扰性能等优点。它分为绝对相移（4PSK 或 QPSK）和相对相移（4DPSK 或 QDPSK）两种。

1. 4PSK 及 4DPSK 波形

设基准载波的相位为 0，4PSK 信号的四个相位间隔为 $\pi/2$，它们与基准载波的相位关系有两种情况，如表 6-5 所示，分别称为 $\pi/2$ 系统和 $\pi/4$ 系统。

表 6-5　4PSK 相位排列表

信　　码	相位（$\pi/4$ 系统）	相位（$\pi/2$ 系统）
0 0	$\pi/4$	0
1 0	$3\pi/4$	$\pi/2$
1 1	$5\pi/4$	π
0 1	$7\pi/4$	$3\pi/2$

4PSK 及 4DPSK 波形如图 6-30 所示。

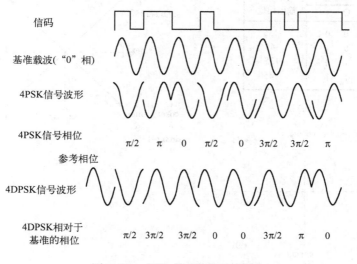

图 6-30　4PSK 及 4DPSK 波形图

2. 4PSK 信号的产生

4PSK 调制器方框图如图 6-31 所示。

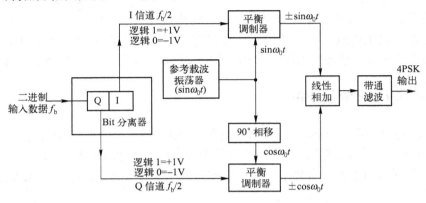

图 6-31　4PSK 调制器方框图

因为要有四种不同的输出相位，所以使用 4PSK 时必须有四种不同的输入条件。由于输入到 4PSK 调制器的数据是二进制信号，要产生四种不同的输入条件，要用双比特输入，即有四种情况：00，01，10 和 11。双比特进入比特分离器后并行输出，一个比特加入 I 信道，另一个则加入 Q 信道。I 信道的载波与 Q 信道的载波相位正交。每个信道的工作原理与 2PSK 相同。从本质上讲，4PSK 调制器是两个 2PSK 调制器的并行组合。对于逻辑 1 = +1V，逻辑 0 = −1V，I 平衡调制器可能输出两个相位（ +$\sin\omega_0 t$ 和 −$\sin\omega_0 t$），Q 信道调制器可能输出两个相位（ +$\cos\omega_0 t$ 和 −$\cos\omega_0 t$）。当这两个正交信号线性组合时，就有四种可能的相位结果： +$\sin\omega_0 t$ + $\cos\omega_0 t$， +$\sin\omega_0 t$ − $\cos\omega_0 t$， −$\sin\omega_0 t$ + $\cos\omega_0 t$ 和 −$\sin\omega_0 t$ − $\cos\omega_0 t$。4PSK 调制器的相位真值表、相位图如图 6-32 所示。

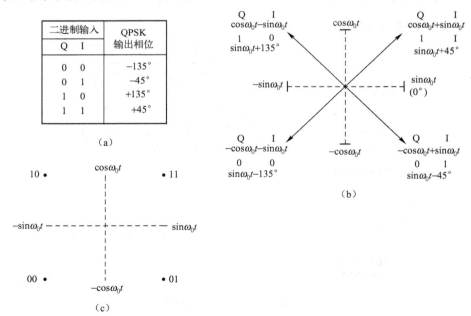

图 6-32　4PSK 调制器的相位真值表、相位图

3. 4PSK 信号的解调

4PSK 解调器方框图如图 6-33 所示。信号分离器将 4PSK 信号送到 I、Q 检测器和载波恢复电路。载波恢复电路再生原载波信号，恢复的载波必须和传输载波同频同相。4PSK 信号在 I、Q 解调器中解调。

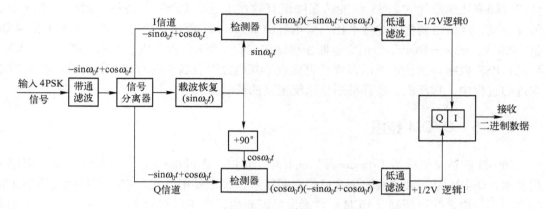

图 6-33　4PSK 解调器方框图

输入的 4PSK 信号可能是图 6-32（b）所示四种相位中的一种。现假设其为 $-\sin\omega_0 t + \cos\omega_0 t$，则其解调过程如下：

由图 6-33 可见，I 检测器的输出为

$$I = (-\sin\omega_0 t + \cos\omega_0 t)\sin\omega_0 t$$
$$= -\sin^2\omega_0 t + \cos\omega_0 t\sin\omega_0 t$$
$$= -\frac{1}{2}(1 - \cos2\omega_0 t) + \frac{1}{2}\sin2\omega_0 t$$

经低通滤波后 $I = -\frac{1}{2}V$，表示逻辑 0。同时，Q 检测器的输出为

$$Q = (-\sin\omega_0 t + \cos\omega_0 t)\cos\omega_0 t$$
$$= \cos^2\omega_0 t - \cos\omega_0 t\sin\omega_0 t$$
$$= \frac{1}{2}(1 + \cos2\omega_0 t) - \frac{1}{2}\sin2\omega_0 t$$

经低通滤波后 $Q = \frac{1}{2}V$，表示逻辑 1。解调后的 Q、I 比特（1、0）符合图 6-32 所示 4PSK 调制器的相位真值表、相位图。

理论上，相移键控调制方式中不同相位差的载波越多，传输速率越高，并能够减小由于信道特性引起的码间串扰的影响，从而提高数字通信的有效性和频谱利用率。例如，QPSK 在发端一个码元周期内（双比特）传送了 2 位码，信息传输速率是 2PSK 的 2 倍，以此类推，8PSK 的信息传输速率是 2PSK 的 3 倍。但相邻载波间的相位差越小，对接收端的要求就越高，将使误码率增加，传输的可靠性将随之降低。为了实现两者的统一，各通信系统纷纷采用改进的 PSK 调制方式，而实际上各类改进型都是在最基本的 2PSK 和 QPSK 基础上发展起来的。在实际应用中，北美的 IS—54 TDMA、我国的 PHS 系统均采用了 π/4—DQPSK 方式。

π/4—DQPSK 调制是一种正交差分移相键控调制，实际是 OQPSK 和 QPSK 的折中，一方面保持了信号包络基本不变的特性，克服了接收端的相位模糊，降低了对于射频器件的工艺要求；另一方面它可采用相干检测，从而大大简化了接收机的结构。但采用差分检测方法，其性能比相干 QPSK 有较大的损失，实际系统在略微增加复杂度的条件下，采用 Viterbi 检测可提高该系统的接收性能。在 CDMA 系统中，通过扩频与调制的巧妙结合，力图实现在抗干扰性即误码率达到最优的 2PSK 性能，在频谱有效性上达到 QPSK 的性能。同时为了减少设备的复杂度，降低已调信号的峰平比，采用各种 2PSK 和 QPSK 的改进方式，引入了偏移 QPSK（OQPSK）、π/4—DQPSK、正交复四相移键控（CDQPSK）以及混合相移键控（HPSK）等。可见，PSK 数字调制技术灵活多样，更适应于高速数据传输和快速衰落的信道。在 2G 向 3G 演进的过程中，它已成为各移动通信系统主要的调制方式。

6.6.5　OFDM 技术

OFDM 的英文全称为 Orthogonal Frequency Division Multiplexing，中文含义为正交频分复用技术。OFDM 是一种多载波数字通信调制技术，属于复用方式。它并不是刚发展起来的新技术，而是由多载波调制（MCM）技术发展而来的，应用已有近 40 年的历史。它开始主要用于军用的无线高频通信系统。这种多载波传输技术在无线数据传输方面的应用是近十年来的新发展。由于其具有频谱利用率高、抗噪性能好等特点，适合高速数据传输，已被普遍认为是第四代移动通信系统最热门的技术之一。

OFDM 技术的基本原理是将高速串行数据变换成多路相对低速的并行数据，并对不同的载波进行调制。这种并行传输体制大大扩展了符号的脉冲宽度，提高了抗多径衰落的性能。传统的频分复用方法中各个子载波的频谱是互不重叠的，需要使用大量的发送滤波器和接收滤波器，这样就大大增加了系统的复杂度和成本。同时，为了减小各个子载波间的相互串扰，各子载波间必须保持足够的频率间隔，这样会降低系统的频率利用率。而现代 OFDM 系统采用数字信号处理技术，各子载波的产生和接收都由数字信号处理算法完成，极大地简化了系统的结构。OFDM 的系统实现方框图如图 6-34 所示。

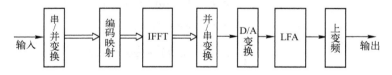

图 6-34　OFDM 系统实现方框图

OFDM 的另一个优点在于每个载波所使用的调制方法可以不同。各个载波能够根据信道状况的不同来选择不同的调制方式，如 2PSK、QPSK、8PSK、16QAM、64QAM 等，以实现频谱利用率和误码率之间的最佳平衡为原则。例如，为了保证系统的可靠性，很多通信系统都倾向于选择 2PSK 或 QPSK 调制，以确保在信道最坏条件下的信噪比要求，但是这两种调制方式的频谱效率很低。OFDM 技术由于使用了自适应调制，可根据信道条件选择不同的调制方式。例如，在信道质量差的情况下，采用 2PSK 等低阶调制技术；而在终端靠近基站时，信道条件一般会比较好，调制方式就可以由 2PSK（频谱效率 1bps/Hz）转化成 16 ～ 64QAM（频谱效率 4 ～ 6bps/Hz），整个系统的频谱利用率就会得到大幅度的提高。目前 OFDM 也有

许多问题亟待解决。其不足之处在于峰均功率比大，导致射频放大器的功率效率较低；对系统中的非线性、定时和频率偏移敏感，容易带来损耗，发射机和接收机的复杂度相对较高等。近年来，业内已对这些问题进行积极研究，取得了一定进展。

> **思考题**
>
> 1. 何谓 GMSK？GMSK 信号有何优缺点？
> 2. 何谓 OFDM？OFDM 信号的主要优点是什么？

 实训 7　2FSK 调制与解调实验

【实训目的】

（1）掌握 2FSK 调制电路的组成及工作原理。

（2）理解利用锁相环解调 2FSK 信号的原理和实现方法。

【实训条件】

通信原理实验箱、双踪示波器。

【实训原理】

数字调频信号可以分为相位离散和相位连续两种情形。若两个振荡频率分别由不同的独立振荡器提供，它们之间相位互不相关，这就叫相位离散的数字调频信号；若两个振荡频率由同一振荡信号源提供，只是对其中一个载频进行分频，这样产生的两个载频就是相位连续的数字调频信号。

本实验电路中，两个不同频率的载频信号是由同一个载频信号经过分频而得到的，为相位连续的数字调频信号。

1. 2FSK 调制

2FSK 调制原理方框图如图 6-35 所示。

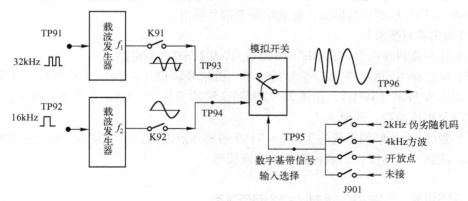

图 6-35　2FSK 调制原理方框图

输入的基带信号由跳线开关 J901 接入后分成两路，一路控制 $f_1 = 32\text{kHz}$ 的载频，另一路经倒相去控制 $f_2 = 16\text{kHz}$ 的载频。当基带信号为"1"时，模拟开关 1 打开，模拟开关 2 关闭，此时输出 $f_1 = 32\text{kHz}$ 的载频；当基带信号为"0"时，模拟开关 1 关闭，模拟开关 2 开通。此时输出 $f_2 = 16\text{kHz}$ 的载频，于是可在输出端得到已调的 FSK 信号。电路中的两路载频（f_1、f_2）由可编程数字信号发生器产生。

2. 2FSK 解调

2FSK 解调电路方框图如图 6-36 所示。

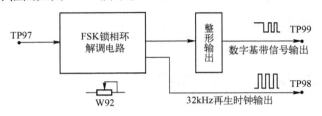

图 6-36　2FSK 解调电路框图

集成锁相环解调 2FSK 信号的工作原理较为简单，只要在设计锁相环时，使它锁定在 2FSK 的一个载频 f_1（32kHz）上，则输出端对应输出高电平；而对另一载频 f_2（16kHz）失锁，则输出端对应输出低电平。这样就可以得到解调的数字基带信号。

3. 各测量点说明

TP91：32kHz 方波。

TP92：16kHz 方波。

TP93：32kHz 载频信号。

TP94：16kHz 载频信号，可调节电位器 W91 改变幅度。

TP95：数字基带信码信号输入，由跳线开关 J901 决定。

TP96：2FSK 调制信号输出，再送到 2FSK 解调电路的输入端。

TP97：2FSK 解调电路的输入端，信号来自 2FSK 调制信号输出。

TP98：2FSK 解调电路工作时钟，正常工作时应为 32kHz 左右。

TP99：2FSK 解调信号输出，即数字基带信号输出。

【实训内容与要求】

（1）将两路载频信号（32kHz、16kHz）接入 2FSK 调制电路。

（2）要选择不同的数字基带信号的速率。由信号转接开关 J901 进行选择。有 2kHz 伪随机码、1010 交替码（4kHz）。测试 2FSK 调制系统的 TP91 ～ TP96 各测量点波形，注意波形之间时序及相位关系，并记录。

（3）测试 2FSK 解调系统的 TP97 ～ TP99 各测量点波形，注意波形之间时序及相位关系，并记录。注意调节 W92，以获得良好的解调波形。

 ## 实训 8　2PSK 调制与解调实验

【实训目的】

（1）掌握 2PSK 调制解调系统的电路组成及工作原理。

（2）了解 2PSK 系统载波提取的方法。

【实训条件】

通信原理实验箱、双踪示波器。

【实训原理】

1. 2PSK 调制

在数据传输系统中，由于相对移相键控调制具有抗干扰噪声能力强，在相同的信噪比条件下，可获得调制方式（如 ASK、FSK）更低的误码率，因而这种方式广泛应用在实际通信系统中。在绝对相移方式中，由于发端是以两个可能出现的相位之中的一个相位作为基准的。因而在收端也必须有这样一个相同的基准相位作为参考，如果这个参考相位发生变化（0 相变 π 相或 π 相变 0 相），则恢复的数字信息就会发生 0 变 1 或 1 变 0，从而造成错误的恢复。在实际通信时，参考基准相位的随机跳变是有可能发生的，而且在通信过程中不易被发现。如果由于某种突然的骚动，系统中的触发器可能发生状态的转移，锁相环路稳定状态也可能发生转移，等等。出现这种可能时，采用绝对移相就会使接收端恢复的数据极性相反。如果这时传输的是经增量调制的编码后的语音数字信号，则不影响语音的正常恢复，只是在相位发生跳变的瞬间，有噪声出现，但如果传输的是计算机输出的数据信号，将会使恢复的数据面目全非。为了克服这种现象，通常在传输数据信号时采用二相相对移相（DPSK）方式。

2PSK 调制器电路方框图如图 6-37 所示。

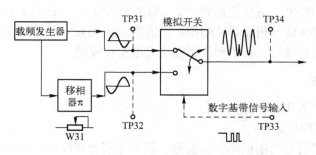

图 6-37　2PSK 调制器电路方框图

2. 2PSK 解调

2PSK 解调器的电路方框图如图 6-38 所示。2PSK 的载波为 32kHz，数字基带信号的码元速率为 2Kbps。

解调器由三部分组成：载波提取电路、位定时恢复电路与信码再生整形电路。同相正交环锁相环提取载波电路工作过程如下：

由 2PSK 调制电路输出的相位键控信号分两路输出至两鉴相器的输入端，鉴相器 1 与鉴相器 2 的控制信号分别为 0 相载波信号与 π/2 相载波信号。这样经过两鉴相器输出的鉴相信号再通过有源低通滤波器滤掉其高频分量，再由两比较判决器完成判决解调出数字基带信号，去相乘器电路，去掉数字基带信号中的数字信息。得到反映恢复载波与输入载波相位之差的误差电压 U_d，U_d 经过环路低通滤波器滤波后，输出了一个平滑的误差控制电压，去控制 VCO 压控振荡器，即锁相环 4046。当锁相环 4046 的第 4 脚输出的中心振荡频率在 128kHz

时，即使其准确而稳定地输出 128kHz 的载波信号。该 128kHz 的载波信号经过分频（÷4）电路，两次分频变成 32kHz 载波信号，并完成 π/2 移相。这样就完成了载波恢复的功能。

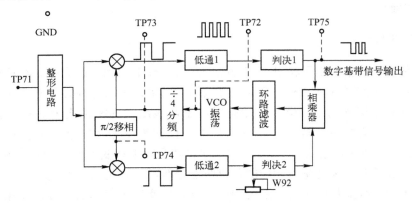

图 6-38　2PSK 解调器方框图

该解调环路的优点是：

① 该解调环在载波恢复的同时，即可解调出数字信息。

② 该解调环电路结构简单，整个载波恢复环路可用模拟和数字集成电路实现。

但该解调环路的缺点是：存在相位模糊。

当解调出的数字信息与发端的数字信息相位反相时，即相干信号相位和载波相位反相，则按一下按键开关 SW701，迫使它的置"1"端送入高电平，使电路 Q 端输出为"1"，迫使相干信号的相位与载波信号相位同频同相，以消除相位误差。然而，在实际应用中，一般不用绝对移相，而用相对移相，采用相位比较法克服相位模糊。

3. 各测量点说明

TP31：输入频率为 32kHz 载波信号。

TP32：波形同 TP31 反相。

TP33：数字基带信号伪随机码输入波形，码元序列为 000011101100101，速率为 2kHz。

TP34：2PSK 调制信号输出波形。

TP71：2PSK 调制信号输出波形。

TP72：压控振荡器输出 128kHz 的信号。

TP73：频率为 32kHz 的 0 相载波输出信号。

TP74：频率为 32kHz 的 π/2 相载波输出信号。

TP75：2PSK 解调输出波形，即数字基带信号。

【实训内容与要求】

（1）2PSK 调制电路的测试。先将数字基带信号（2kHz 伪随机码）接入电路，再将载波信号（32kHz 正弦波）接入电路，然后逐一测试 TP31 ～ TP34 各测量点的波形，注意波形、频率、相位、幅度以及时间对应关系并做好记录。

（2）2PSK 解调电路的测试。将 2PSK 的调制电路调整好后，再将解调电路调整到最佳状态，逐一测量 TP71 ～ TP75 各测量点处的波形，注意波形、频率、相位、幅度以及时间对应关系，并做好记录。

 案例分析6　调制解调器

随着计算机与数据终端设备的普及，对数据通信的需求与日俱增。目前的电话通信网大多为模拟话音信道，数字信号不能通过它来传输，所以需要一个中间设备来实现数字信号与模拟信号的相互转换，这个设备就是调制解调器。

调制解调器（MODEM）由调制器和解调器构成，两部分的关系如图6-39所示。

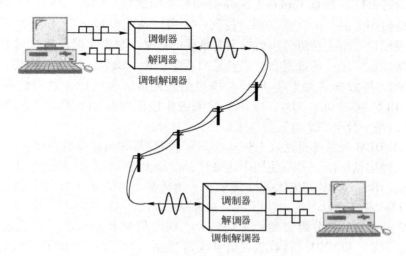

图6-39　调制解调器示意图

调制解调器由发送、接收、控制、接口、操纵面板及电源等部分组成。数据终端设备以二进制串行信号形式提供发送的数据，经接口转换为内部逻辑电平送入发送部分，经调制电路调制成线路要求的信号向线路发送。接收部分接收来自线路的信号，经滤波、反调制、电平转换后还原成数字信号送入数字终端设备。电话线可以使通信的双方在相距几千千米的地方相互通话，是由于每隔一定距离都设有中继放大设备，保证语音清晰。在这些设备上若再配置MODEM，则能通电话的地方就可传输数据。一般电话线路的语音带宽在300 ～ 3400Hz范围，用它传送数字信号，其信号频率也必须在该范围。常用的调制方法有三种：频移键控（FSK）、相移键控（PSK）、相位幅度调制（PAM）。

MODEM通常有三种工作方式：挂机方式、通话方式、联机方式。电话线未接通是挂机方式；双方通过电话进行通话是通话方式；MODEM已连通，进行数据传输是联机方式。数/模转换的调制方法也有三种：（1）频移键控（FSK）。用特殊的音频范围来区别发送数据和接收数据。例如，调频MODEMBell—103型发送和接收数据的二进制逻辑被指定的专用频率是：发送，信号逻辑0、频率1070Hz，信号逻辑1、频率1270Hz；接收，信号逻辑0、频率2025Hz，信号逻辑1、频率2225Hz。（2）相移键控（PSK），高速的MODEM常用四相制或八相制，而四相制是用四个不同的相位表示00、01、10、11这4个二进制数，如调相MODEMBell—212A型。该技术可以使300bps的MODEM传送600bps的信息，因此在不提高线路调制速率仅提高信号传输速率时很有意义，但控制复杂，成本较高，八相制更复杂。

（3）相位幅度调制（PAM），为了尽量提高传输速率，不提高调制速率，采用相位调制和幅度调制结合的方法。它可用 16 个不同的相位和幅度电平，使 1200bps 的 MODEM 传送 19200bps 的数据信号。该种 MODEM 一般用于高速同步通信中。

调制解调器通电后，通常先进入挂机方式，通过电话拨号拨通线路后进入通话方式，最后通过 MODEM 的"握手"过程进入联机方式。正常使用时，由使用者通过控制电话机或 MODEM 前面板的按键、内部开关实现三种方式间的转换。

调制解调器与计算机连接是数据电路通信设备 DCE（Data Circutterminating Equipment）与数据终端设备 DTE（Data Terminal Equipment）之间的接口问题。DCE 与 DTE 之间的接口是计算机网络使用上的一个重要问题。任何一个通信站总要包括 DCE 与 DTE，因此确定一个统一的标准接口，特别是对公用数据网有重要的意义。数据终端设备 DTE 是产生数字信号的数据源或接收数字信号的数据宿，或者是两者的结合，例如，计算机终端、打印机、传真机等就是 DTE。将数据终端设备 DTE 与模拟信道连接起来的设备就叫数据电路通信设备 DCE，如 MODEM 就是 DCE。DTE 与 DCE 之间的连接标准有 CCITTV. 10/X. 26，与 EIARS—423—A 兼容，是一种半平衡电气特性接口。

普通的 MODEM 通常都是通过 RS—232C 串行口信号线与计算机连接。RS—232C 可说是相当简单的一种通信标准，若不使用硬件流控，则最少只需利用三根信号线，便可做到全双工的传输作业。RS—232C 的电气特性属于非平衡传输方式，抗干扰能力较弱，故传输距离较短，约为 15m 左右而已。

RS-232C 串行口信号分为三类：传送信号、联络信号和地线。（1）传送信号：指 TXD（发送数据信号线）和 RXD（接收数据信号线）。经由 TXD 传送和 RXD 接收的信息传送单位（字节）由起始位、数据位、奇偶校验位和停止位组成。（2）联络信号：指 RTS、CTS、DTR、DSR、DCD 和 RI 六个信号。RTS（请求传送），是 PC 向 MODEM 发出的联络信号。高电平表示 PC 请求向 MODEM 传送数据。CTS（清除发送），是 MODEM 向 PC 发出的联络信号。高电平表示 MODEM 响应 PC 发出的 RTS 信号，且准备向远程 MODEM 发送数据。DTR（数据终端就绪），是 PC 向 MODEM 发出的联络信号。高电平表示 PC 处于就绪状态，本地 MODEM 和远程 MODEM 之间可以建立通信信道。若为低电平，则强迫 MODEM 终止通信。DSR（数据装置就绪），是 MODEM 向 PC 发出的联络信号。它指出本地 MODEM 的工作状态，高电平表示 MODEM 没有处于测试通话状态，可以和远程 MODEM 建立通道。DCD（传送检测），是 MODEM 向 PC 发出的状态信号。高电平表示本地 DCE 接收到远程 MODEM 发来的载波信号。RI（振铃指示），是 MODEM 向 PC 发出的状态信号。高电平表示本地 MODEM 收到远程 MODEM 发来的振铃信号。（3）地线信号（GND），为相连的 PC 和 MODEM 提供同一电势参考点。56Kbps 高速 MODEM 是 1997 年才开始上市的拨号高速调制解调器，它的传输速率之所以能有高于传统电话线路上 33.6Kbps 的极限速率，是因为它采用了完全不同于 33.6Kbps 的调制解调技术，其工件原理和使用要求与 33.6Kbps 高速 MODEM 相比也有一定的区别。

56Kbps 高速 MODEM 在通信系统中应用时，用户端的模拟调制解调器与 ISP 局端数字式调制解调器（局端 MODEM）不是对等设备。其中用户端 56Kbps 高速 MODEM 的工作原理和接入方法与 33.6Kbps 高速 MODEM 没有什么不同，仍然与电话线模拟连接，拨号上网，也仍然是用来完成数/模或模/数转换工作，所以用户在安装和使用 56Kbps 高速 MODEM 时，没有任何新的要求可言。而 ISP 局端的数字 MODEM 与普通模拟 MODEM 就完全不同了，ISP 局端 MODEM 是一种纯数字式调制解调器。该数字式调制解调器将 ISP 局端数字设备直接与公用市话网（PSTN）进行数字连接，也就是说 ISP 局端数字信号进入交换系统时将绕过 PCM 的模/数转换过程，将数字网上的数字信号经过特殊数字编码后取代调制过程，并采用与 PSTN 数字网中现行的 256 离散信号直接进入数字交换。

这样在整个网络系统中，除下载数据端的 PCM 中有数/模转换和用户端 56Kbps 高速 MODEM 中有数/模转换外，其他各处都是纯数字传输。可见，在服务端的纯数字 MODEM 与 PSTN 之间就不会产生任何模/数转换噪声了。这样，若从 ISP 端下载信息，则仅在用户端的 56Kbps 高速 MODEM 上经过一次模/数转换，所以下载速率极高。56Kbps 高速 MODEM 工作的基本条件是：

① 客户端的 56Kbps 高速模拟调制解调器和主机端的远程接入服务器（纯数字调制解调器）必须支持相同的标准（X2 或 K56Flex），最好是 V. 90 标准。

② 主机端必须是数字线路连接，即干线端通道应该是 T1、或 ISDN、或 PRI/BRI 线路。

③ 在整个传输网中只能存在一次模/数转换，即客户端的 56Kbps 高速模拟调制解调器的模/数转换。

　知识梳理与总结6

1. 知识体系

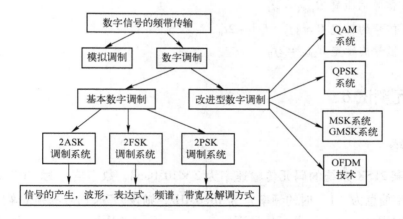

2. 知识要点

（1）数字信号的传输有基带传输和频带传输两种方式。未经调制而直接进行传输的方式称为基带传输；包含调制和解调装置的数字信号传输方式称为频带传输。

（2）数字调制与解调是数字通信系统的基本组成部分，数字信号经过模拟信道传输必须调制。数字调制有振幅键控（ASK）、频移键控（FSK）和相移键控（PSK）三种基本方式。

（3）振幅键控就是用数字基带信号去控制载波的幅度变化。2ASK 信号可由乘法器产生，其解调可采用相干解调和非相干解调两种方法。2ASK 信号的频谱由载频分量及上下边频分量组成，其带宽是数字基带信号带宽的两倍。振幅键控的优点是设备简单、频带利用率较高，缺点是抗噪声性能差。

（4）频移键控就是利用不同频率的载波来传送数字信号。2FSK信号的产生有直接调频法和键控法，解调有相干解调和非相干解调以及过零点检测法等。2FSK信号频带较宽，频带利用率比2ASK信号低，一般用于低速数据传输系统。频移键控的优点是抗干扰能力强，缺点是占用频带较宽。

（5）相移键控就是用同一个载波的不同相位来传送数字信号，分为绝对相移和相对相移两种。2PSK信号频谱中没有载频分量，带宽与2ASK相同，为数字基带信号带宽的两倍，其解调只能用相干解调法。由于绝对相移存在"相位模糊"问题，所以实际应用以相对相移为主。2DPSK信号的产生，解调方法，功率谱结构及带宽与2PSK相同，但输入/输出信号都要完成绝对码到相对码和相对码到绝对码的转换。2DPSK信号的解调还可采用差分相干解调法。相移键控在频带利用和抗干扰方面都较完善，因此应用较广泛。

（6）现代调制解调方式有QAM、MSK和GMSK，QPSK等。正交振幅调制QAM是一种对载波的振幅和相位同时进行调制的方式，有4QAM，16QAM，64QAM等；QPSK是一种多进制相移键控方式，在微波和卫星数字通信中应用较多。MSK是FSK的一种改进形式，其突出优点是信号具有恒定的振幅及信号的功率谱在主瓣以外衰减较快。高斯最小移频键控GMSK是针对某些场合对信号带外辐射功率的限制非常严格而提出的一种改进型的调制方式。OFDM是一种多载波数字通信调制技术，属于复用方式。

3. 重要公式

- 2ASK信号的带宽 $B_{2ASK} = 2f_B$
- 2FSK信号的带宽 $B = |f_2 - f_1| + 2f_B$
- 2PSK信号的带宽 $B_{2PSK} = 2f_B$

 单元测试6

1. 选择题

（1）若某2FSK系统的码元传输速率为 2×10^6 Baud，数字信息为"0"时的频率 f_1 为10MHz，数字信息为"1"时的频率 f_2 为10.6MHz，则该2FSK信号的频带宽度为_____。

A. 10.6MHz   B. 20.6MHz   C. 4.6MHz   D. 10MHz

（2）对于2FSK调制来讲，当两个载波频率的差值增加时，2FSK信号的带宽将_____。

A. 减少   B. 增加   C. 不变   D. 减半

（3）在相同的数据速率下，2PSK调制比2FSK调制需要_____。

A. 更多带宽   B. 更少带宽   C. 相同带宽

（4）采用2DPSK系统是因为_____。

A. 克服2PSK中的相位模糊现象   B. 2PSK不容易实现

C. 2PSK传输速率太低   D. 2PSK误码率高

2. 判断题

（1）在相同的码元速率下，2FSK 系统占用的带宽比 2DPSK 系统小。　　　　（　　）

（2）2PSK 信号的解调必须用相干解调法。　　　　　　　　　　　　　　　（　　）

（3）在二进制数字调制系统中，2FSK 的抗噪声性能优于 2PSK。　　　　　（　　）

（4）线性多进制数字调制系统的优点是频带利用率高，缺点是抗噪能力差。　（　　）

3. 作图题

（1）已知二进制数字序列为 010110010，试画出下面两种情况中的 2ASK、2FSK、2PSK、2DPSK 信号波形示意图：

① 载频为码元速率的 2 倍。

② 载频为码元速率的 1.5 倍。

（2）在 2DPSK 系统中，设载波的频率为 2400Hz，码元速率为 1200Baud。已知绝对码序列为：1011011100101。

① 画出 2DPSK 信号波形。

② 若系统采用差分相干解调法接收信号，试画出输出信号波形。

（3）画出 2DPSK 系统的方框图，并简要说明其工作原理。

模块七
通信系统的同步

 教学导航7

教	知识重点	1. 同步的基本概念及分类。 3. 位同步的基本原理及实现方法。 5. 网同步的基本原理及实现方法。	2. 载波同步的基本原理及实现方法。 4. 帧同步的基本原理及实现方法。	
	知识难点	1. 同步的性能指标。 2. 同相正交环法提取载波的方法。		
	推荐教学方式	1. 通过数字程控交换机中同步问题的案例介绍，导出数字同步的理论知识，强调同步的重要性，激发学生学习兴趣。 2. 理论教学结合案例进行分析，帮助学生理解。 3. 通过实训，使学生加深对位同步信号和眼图的理解，掌握同步信号和眼图的观测方法。		
	建议学时	8 学时		
学	推荐学习方法	1. 可将各种同步技术的相关知识对比学习，注重其应用。 2. 结合给出的案例来理解理论知识。 3. 重视实训，从而掌握同步信号的测试及眼图观测技巧。		
	必须掌握的 理论知识	1. 同步的基本概念及分类。 2. 载波同步的基本原理及实现方法。 3. 位同步的基本原理及实现方法。 4. 帧同步的基本原理及实现方法。 5. 网同步的基本原理及实现方法。 6. 同步性能指标的含义。		
	必须掌握的技能	1. 会测试系统中的位同步信号。 2. 会观测并分析眼图。		

案例导入 7　数字程控交换机中的同步问题

数字程控交换机组成一个数字网，通过传输系统互相连接。为提高数字信号传输的完整性，必须对这些数字设备中的时钟速率进行同步。

在点对点的数字通信中，要求两台交换机之间保证传输上的同步。这时每台交换机发出的信息通过编码，按照本机的时钟频率将数字信号发送出去；接收端对时钟频率的要求较低，按照对方的速率进行译码即可。如果发送端与接收端的时钟频率不一致，则会发生如图 7-1 所示的结果。

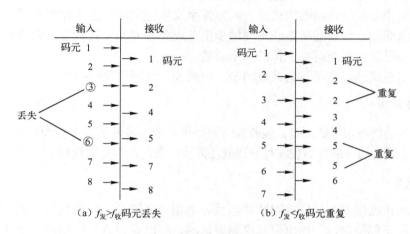

图 7-1　收发端时钟频率不一致

从图 7-1 中可以看到，若本地接收的时钟频率低于输入时钟的频率，则会产生码元丢失的情况；相反，若本地时钟的频率高于输入时钟频率时，就会产生码元重复。这些都会使传输发生畸变，提高误码率，降低通信的可靠性。若畸变较大以使整个一帧或更多的信号丢失或重复，这种畸变就叫做"滑码"。要避免滑码必须强制使两个（或数个）交换系统使用相同的基准频率。

在数字网中有多台数字交换机相互连接成一个统一的网，这就要求各个交换机的时钟频率和相位能够协调一致，产生了网同步的问题。由于传输介质的影响和时钟频率的变异，一般很难做到，这就产生了时钟频率的同步和相位的同步问题。

通过上面的分析我们知道了同步在数字网中的重要性，下面我们将主要介绍数字通信系统中基本的同步技术。

> **思考题**
>
> 数字通信系统中为何要采用同步技术？

 技术解读 7

7.1 数字信号的传输与同步

数字信号是由一串等长度的码元构成的序列。这些码元在时间上按一定的顺序排列，并代表一定的信息。要使数字信号在传输过程中能保持完整的信息，必须保证这些码元所占时间位置的准确性，即在发送端和接收端都要有稳定精确的定时脉冲信号。发端和收端分别有自身的定时还不够，就像大家都有手表还需要与广播电台的报时信号对准一样。为了保证整个通信过程准确可靠，必须使收发双方的定时脉冲在时间上一致起来，这称之为"同步"。换句话说，同步是指收发两端的载波、码元速率及各种定时标志工作时步调一致，不仅要求同频而且要求同相。如果通信系统出现同步误差或失去同步，其性能就会降低，甚至不能工作，所以同步是通信系统可靠工作的一个前提。

数字通信系统的同步可分为载波同步、位同步、帧同步及网同步。

1. 载波同步

载波同步是指在相干解调时，接收端需要提供一个与接收信号中的调制载波同频同相的相干载波。这个载波的获取称为载波提取或载波同步。载波同步是实现相干解调的先决条件。

2. 位同步

位同步是指通信双方的位定时脉冲信号频率相等且符合一定的相位关系。在数字通信系统中，任何信息都是通过一连串码元序列传送的，所以在接收端解码时，必须提供准确的码元判决时刻，使判决时刻的周期和相位都严格地与发端一致。这就要求接收端必须提供一个位定时脉冲序列，该序列的重复频率与码元速率相同，相位与最佳抽样判决时刻一致。提取这种定时脉冲序列的过程称为位同步。位同步出现误差时，会造成信号抽样值的下降和码间串扰的增加，从而影响通信的质量。位同步是保证通信质量的关键。

3. 帧同步

在数字通信中，信息流是用若干码元组成一个"字"，又用若干个"字"组成"句"。在接收这些数字信息时，必须知道这些"字"、"句"的起止时刻，否则接收端无法正确恢复信息。对于数字时分多路通信系统，如 PCM30/32 电话系统，各路信码都安排在指定的时隙内传送，形成一定的帧结构。为了使接收端能正确分离出各路信号，在发送端必须提供每帧的起止标记。在接收端检测并获取这一标志的过程，称为帧同步。帧同步是通过在信息码流中插入帧同步码来实现的。帧同步是以位同步为基础的，只有在位同步的情况下，才有可能实现帧同步。

4. 网同步

随着数字通信的发展，尤其是计算机技术和通信技术的结合，出现了多点之间的通信，这便构成了数字通信网。全网必须有一个统一的时间标准，使整个通信网同步工作，此即网同步。网同步是指通信网中各个节点的时钟信号的频率相等。

思考题

数字通信系统中同步技术按功用可分为哪几类？

7.2 载波同步

在高速、高可靠性的数字通信系统中，经常采用相干解调，因为它具有频带利用率高、抗干扰性能好的优点。但是这种解调方式的设备较复杂，要求接收端必须提供一个与发端载波相干（同频同相）的本地载波信号。

产生本地相干载波信号的方法，常称为载波提取。一般有两类方法：（1）插入导频法，即在发送端发送有用信码的同时，再发送一个载波或包含载波的导频信号。（2）直接提取法，即从接收到的有用信号中直接（或经变换）提取相干载波，而不需要单独传送载波或其他导频信号。

7.2.1 插入导频法

插入导频法有两种：频域插入导频法、时域插入导频法。

1. 频域插入导频法

频域插入导频法指在传送信码的同时，传送与信码频谱不重叠的导频信号。一般用于抑制载波的双边带调制系统或二相数字调相系统。在这些调制信号的频谱中，载波频率点 f_0 处的信号能量为零，如图 7-2 所示。

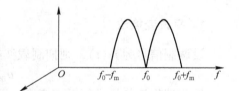

图 7-2 载波频率

据此特点可在 f_0 处插入导频，其频率就是 f_0，但它的相位一般要求与被调载波正交。采用正交载波可以避免接收端解调时出现直流分量。在接收端，只要提取这一导频再移相 $90°$ 即可作为本地相干载波。导频插入如图 7-3（a）所示，提取方框图如图 7-3（b）所示。

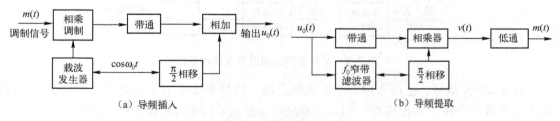

（a）导频插入 （b）导频提取

图 7-3 频域插入导频法

2. 时域插入导频法

时域插入导频法是指在每段信码之间留一定时间传送导频信号。此法多应用在时分多址卫星通信中，在一般数字通信中也有应用，在时间上对被传输信号和导频信号加以区别。时域插入导频的方法是将导频按一定的时间顺序在指定的时间间隔内发送，即每一帧除传送数

字信息外，都在规定的时域内插入载波导频信号、位同步信号、帧同步信号。其结果是在每帧的一小段时间内才出现载波。其提取载波的原理方框图如图7-4所示。由该图可看出，接收端用定时选通信号将每帧插入的载频取出，即可形成解调用的相干载波。由于发送的载波信号是不连续的，即只用一帧中的很少时间来发送载波信号，所以常用锁相环法来提取相干载波，目的是为了得到准确而稳定的相干载波信号。

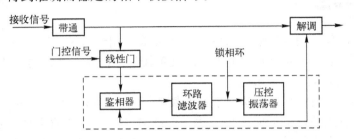

图7-4　时域插入导频法提取载波方框图

7.2.2　直接提取法

抑制载波的双边带信号虽然不包含载波分量，但对该信号进行某种非线性变换后，就可以直接从其中提取出载波分量来。直接提取法有两种主要方法：平方变换法、同相正交环法。

1. 平方变换法

设调制信号为$m(t)$，则抑制载波的双边带信号为

$$u_{\mathrm{DSB}}(t) = m(t)\cos\omega_c t \tag{7-1}$$

接收端将该信号进行平方变换，即经过一平方律器件后可得：

$$e(t) = m^2(t)\cos^2\omega_c t = \frac{1}{2}m^2(t) + \frac{1}{2}m^2(t)\cos2\omega_c t \tag{7-2}$$

可见，$e(t)$包含$2\omega_c$分量（原载波的二次谐波），经二分频后即可得本地相干载波。其原理方框图如图7-5所示。

图7-5　平方变换法提取载波原理方框图

对于2PSK信号，上面原理方框图仍然适用。但是由于采用了一个二分频电路，所以提取出来的载波存在"相位模糊"问题，解决的办法是采用相对相移键控（2DPSK）。

2. 同相正交环法

同相正交环法的原理方框图如图7-6所示。

图7-6中，压控振荡器（VCO）输出的信号$\cos(\omega_c t + \theta)$一路直接与输入的已调信号相乘，另一路经90°移相后变为$\sin(\omega_c t + \theta)$与输入的已调信号相乘。设输入的双边带信号为$m(t)\cos\omega_c t$，则

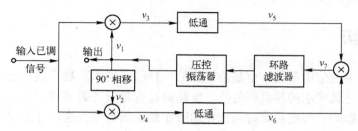

图 7-6　同相正交环法的原理方框图

$$v_3 = m(t)\cos\omega_c t \cdot \cos(\omega_c t + \theta) = \frac{1}{2}m(t)\left[\cos\theta + \cos(2\omega_c t + \theta)\right] \qquad (7-3)$$

$$v_4 = m(t)\cos\omega_c t \cdot \sin(\omega_c t + \theta) = \frac{1}{2}m(t)\left[\sin\theta + \sin(2\omega_c t + \theta)\right] \qquad (7-4)$$

经低通滤波后的输出分别为：

$$v_5 = \frac{1}{2}m(t)\cos\theta \qquad (7-5)$$

$$v_6 = \frac{1}{2}m(t)\sin\theta \qquad (7-6)$$

将 v_5 和 v_6 送入乘法器，得

$$v_7 = v_5 v_6 = \frac{1}{8}m^2(t)\sin2\theta \qquad (7-7)$$

式中，θ 是压控振荡器输出信号与输入已调信号载波之间的相位误差。当 θ 较小时，$\sin2\theta\approx 2\theta$，则 $v_7 = \frac{1}{4}m^2(t)\theta$。$v_7$ 的大小与相位误差 θ 成正比，它就相当于一个鉴相器的输出，它经过环路滤波器后去控制 VCO 输出信号的相位，最后使稳态相位误差减小到很小的数值。这样，压控振荡器的输出 v_1 就是所需提取的相干载波。

同相正交环法的优点：一是工作在 ω_c 频率上，比平方变换法工作频率低，且不用平方律器件和分频器；二是当环路正常锁定后，同相鉴相器的输出就是所要解调的原数字信号，即这种电路具有提取载波和相干解调的双重功能。同相正交环法的缺点是电路较复杂。

7.2.3　载波同步系统的性能

衡量载波同步的性能主要是：效率、精度、同步建立时间和同步保持时间。

效率：
$$\eta = \frac{\text{提取载波所用的发送功率}}{\text{总信号功率}}$$

精度 $\Delta\phi$：提取载波信号与接收信号标准载波的频率差和相位差。

同步建立时间 t_s：系统启动到实现同步或从失步状态到同步状态所经历的时间。

同步保持时间 t_c：同步状态下，若同步信号消失，系统还能维持同步的时间。

┌─ **思考题** ─────────────────────────────┐

载波提取的几种方法是否都存在相位模糊的问题？

└──────────────────────────────────────┘

7.3　位同步

位同步是数字通信中最基本也是最重要的一种同步技术。数字通信总是一位码一位码地发送和接收的，这就要求传输系统的收、发端应具有相同的码速和码长。此外，为了克服码间干扰和噪声的影响，要把判决时刻选在信噪比最大的时刻，这样才能保证在输入信号的最佳抽样时刻进行判决。

对位同步信号的要求有两点：

（1）码元的重复频率要求与发送端码元速率相同。

（2）码元的相位要对准最佳接收时刻，也即最佳抽样判决时刻。

与载波同步方式类似，位同步的实现方法也可分为插入导频法和直接提取法两类。

7.3.1　插入导频法

在无线通信中，数字基带信号一般采用不归零的矩形脉冲，并以此对高频载波做各种调制。解调后得到的也是不归零的矩形脉冲。设其码元速率为 R_B，码元宽度为 T_B，这种信号的功率谱在 f_b（数值上等于 R_B）处为零，例如，双极性码的功率谱密度如图 7-7（a）所示。利用这一特点可在 f_b 处插入位定时导频信号。如果将基带信号先进行相关编码，则此时的功率谱密度如图 7-7（b）所示。此时可在 $f_b/2$ 处插入位定时导频信号，接收端在 $f_b/2$ 处取出导频信号，再经二倍频便可得到所需的位定时信息 f_b。

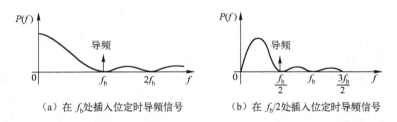

（a）在 f_b 处插入位定时导频信号　　　　（b）在 $f_b/2$ 处插入位定时导频信号

图 7-7　插入位定时的功率谱密度

图 7-8（a）、（b）分别画出了发端插入位定时导频和收端提取位定时导频的原理方框图。发端插入的位定时导频为 $f_b/2$，接收端在解调后设置了 $f_b/2$ 窄带滤波器，其作用是取出位定时导频信号。

在发送端，要注意插入导频的相位，以使导频的相位对于数字信号在时间上有这样的关系：当信号为正负最大值（即抽样判决时刻）时，导频正好是过零点。这样就可以避免导频对信号的影响。在接收端，要采取措施抵消导频分量的影响。由图 7-7（b）可以看出，窄带滤波器取出的导频 $f_b/2$ 经过移相和倒相后，再送到相加器把基带数字信号中的导频成分抵消。由窄带滤波器取出导频 $f_b/2$ 的另一路信号经过移相、放大限幅、微分全波整流和整形电路产生位定时脉冲。其中，微分全波整流电路起到倍频器的作用，因此，虽然导频是 $f_b/2$，但提取的位定时信息是 f_b。

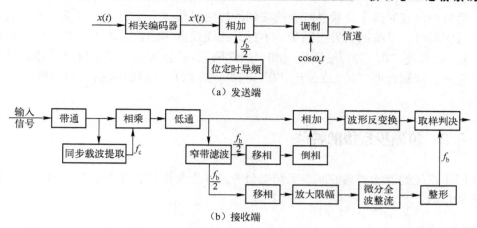

图 7-8　位定时导频信号插入原理方框图

7.3.2　直接提取法

直接提取法是指发端不传送专门的位同步信息，而是由收端直接从收到的信息序列中提取位同步信号。具体实现方法有多种，这里仅介绍滤波法。

在数字通信中，基带信号通常是不归零信号。而这种不归零脉冲序列的频谱中并不包含位定时频率分量，因此不能直接用滤波器从中提取信号。但由于这种脉冲序列遵循码元的变化规律，并按位定时的节拍而变化，因此只要经过适当的非线性变换，仍能从中提取出位定时信号。如图 7-9 所示为滤波法提取位定时信号的原理方框图及关键点波形。

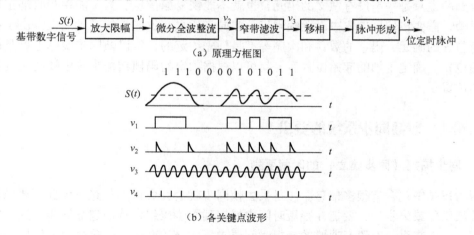

图 7-9　滤波法提取位定时信号的原理方框图及关键点波形

图 7-9（a）中，$S(t)$ 为输入基带信号，放大限幅的作用是将其整形成方波。微分整流的作用是将不归零序列变成为单向的微分波形序列，其含有离散的 f_b 频率成分，经窄带滤波后输出频率为 f_b 的正弦波形，在经移相电路及脉冲形成电路后就可得到有确定起始位置的位定时脉冲。各点波形如图 7-9（b）所示。

用滤波法提取位定时信号的优点是电路简单，缺点是当数字信号中有长连"0"或"1"

码时，信号中位定时频率分量衰减会使得到的位定时信号不稳定、不可靠。尤其当发生短时间的通信中断时，系统就会失去同步。不过，在现代数字通信系统中，数字信号多采用抑制长连"1"或长连"0"的传输码型（如 HDB3 码），并且很多传输系统都采用加扰与解扰电路，以进一步抑制长连"1"或长连"0"的情况，所以，滤波法在实际中的应用还是比较广泛的。

7.3.3　位同步系统的性能

位同步系统的性能与载波同步系统类似，通常也是用相位误差、建立时间、保持时间等指标来衡量的。

> **思考题**
>
> 一个采用非相干解调方式的数字通信系统是否必须有载波同步和位同步？其同步性能的好坏对通信系统的性能有何影响？

7.4　帧同步

在数字信息的传输中，总是按一定的规律将码元划分成各种单元，构成码字、码帧等。也就是说，由若干位码元组成码字，再由若干个码字构成码帧。当接收端建立了位同步和载波同步时，可保证各码元的正确解调。但如果接收端无法区分码字、码帧时，那么即使无错码，收到的也只是一串没有意义的码元，也就不能恢复原信息。为了能在接收端正确区分码字、码帧，需要在信息传输中设置帧同步。帧同步建立在位同步的基础之上。由于在传输中每帧所包含的码元、码字的数目和次序等都是预先约定的，所以帧同步实际上就是确定每帧的起始位置。确定了帧的起始位置后，就可以根据预定的码帧结构来确定帧的长度和其中各码字的位置了。

7.4.1　对帧同步系统的要求

1. 同步捕捉（同步建立）的时间要短

因为每帧中包含有很多信息。一旦失去帧同步就会丢失许多信息。为此，要求帧同步系统在开始工作或失步后，要能在很短时间内捕捉到同步码组，从而建立同步，这一时间称捕捉时间。一般来讲，对语音通信的捕捉时间要求不大于 100ms，对数据通信的捕捉时间要求不大于 2ms。

2. 帧同步要稳定可靠

一旦建立同步状态后，系统不能因信道的正常误码而失步，即帧同步系统要具有一定的抗干扰能力。由于信号在传输过程中不可避免地会出现误码，若只是偶然一次同步丢失就宣布失步而重新进行同步搜索（从同步态进入捕捉态），则正常的通信会被中断。因此，一般

规定帧同步信号丢失的时间超过一定限度时，才宣布失步，然后再进行同步搜索，这段时间称为前方保护时间。另一方面，在信息码流中，随机地形成帧同步信号也是完全可能的。因此，也不能一经发现符合帧同步码组的信号就宣布进入了同步态。只有当帧同步信号连续来了几帧或一段时间后，同步系统才可发出指令，并进入同步状态。这段时间称为后方保护时间。

3. 帧同步码组的长度越短越好

帧同步码在每一帧中都占用一定的长度，同步码越长，传送有用信息的效率就越低，所以在保证同步性能的前提下，帧同步码应该越短越好。

7.4.2　帧同步的实现方法

1. 起止式同步法

起止式同步法的典型应用是电传机通信。电传机通信中用 5 个码元表示一个阿拉伯数字。在每个数字开始时，先发送一个码元宽度的负值脉冲，再传送 5 个码元的有用信息，接着再发送一个宽度为 1.5 个码元的正值脉冲，如图 7-10 所

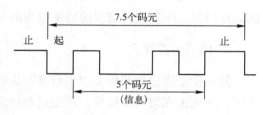

图 7-10　电传机编码的波形

示。开头的负值脉冲称为"起脉冲"，末尾的正值脉冲称为"止脉冲"，它们起着同步作用。接收端根据 1.5 个码元宽度的正电平第一次转换到负电平这一特殊规律，确定一个数字的起始位置，从而实现了帧同步。

由于码元宽度不一致会给同步数字传输带来不便。另外，由于这种起止式同步方式的 7.5 个码元中只有 5 个为有用信息，所以传输效率低。

2. 集中式插入法

集中式插入法是指把事先约定的帧同步码组集中插入在每帧的开始处，接收端一旦检测到这个特定的码组，就确定了帧的起始位置，从而获得帧同步。这个码组必须具有与被传的信息流不同的规律，使得在同步识别中将信息码误判为同步码的可能性尽量小。例如，在 PCM30/32 路系统中，帧同步采用的就是集中式插入法，它的帧同步码是"0011011"。

3. 间隔式插入法

间隔式插入法又称分散插入法，它是把帧同步码分散穿插在一帧或几帧的数字信码中，如图 7-11 所示。

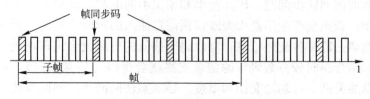

图 7-11　间隔式插入帧同步方式

这里的帧同步码一般选用比较简单的码型，如 PCM24 路系统一般采用"1"、"0"交替码。即第一帧插入"1"码作为帧同步码，第二帧插入"0"码作为帧同步码，以此类推。间隔式插入法的优点是：帧同步码占用的位数少，传输效率高。其缺点是：一旦帧失步，同步恢复的时间较长。

7.4.3　帧同步系统的性能

帧同步性能的主要指标是同步可靠性（包括漏同步和假同步概率）及同步建立时间。

1. 漏同步概率 P_1

由于干扰的影响，接收的同步码组中可能出现一些错误码元，从而使识别器漏识已发出的同步码组，出现这种情况的概率称为漏同步概率，记为 P_1。

2. 假同步概率 P_2

假同步是指信息的码元中出现与同步码组相同的码组，这时信息码会被识别器误认为同步码，从而出现假同步信号。发生这种情况的概率称为假同步概率，记为 P_2。

3. 同步平均建立时间 T_s

同步建立时间是指系统从确认失步开始搜捕起，一直到重新进入同步工作状态这段时间。同步平均建立时间与同步检测的方式有关。

判决门限电平下降，P_1 减小，P_2 增大，所以两者对判决门限电平的要求是矛盾的。为了使同步系统的性能可靠，抗干扰能力强，在实际系统中总是加以前/后向保护。前向保护使假同步概率减小而增加了同步建立时间，后向保护可以使漏同步概率减小。

> **思考题**
>
> 帧同步系统在数字通信系统中有何重要意义？

7.5　网同步

载波同步、位同步和帧同步是实现点对点之间通信的基本保证。而在数字通信网中，各交换点之间在进行分接、时隙互换和复接过程中，也会碰到各交换点时钟频率和相位的统一协调问题，即所谓的网同步问题。码元速率和相位不同的数字信号无法直接进行分接、复接和时隙互换操作，否则会产生信息丢失或错误信息插入的所谓"滑动"现象。即在复接合路时，若用较高速率去取样各支路信息，对数码率偏低的支路就会出现增码；如果用较低速率对各支路取样，则合路时较高数码率的信息支路就会少码（信息丢失）。由此可见，为了保证整个网内信息能灵活、可靠地交换和复接，必须实现网同步。网同步技术的着眼点在于使通信网中各转接点的时钟频率和相位保持协调一致。

7.5.1 主从同步方式

主从同步方式的通信网中只有一个时钟源，该时钟源是一个稳定度极高的振荡器或原子钟。备有该时钟源的站点称为通信网的主站，主站将时钟信号作为网内唯一的标准频率发往其他各站（称为从站），各从站通过锁相环来使本站频率与主站频率保持一致以获得同步。

主从同步网主要由主基准时钟、传送同步信号的链路及从钟组成。从钟是用锁相技术将振荡器的输出信号的相位锁定到外来同步信号的相位上，即频率受到控制，其精度与基准信号相同。其连接方式如图 7-12 所示。

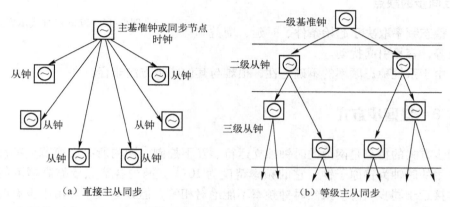

（a）直接主从同步　　　　　　（b）等级主从同步

图 7-12　主从同步方式示意图

图 7-12（a）为直接主从同步方式，各从钟都直接由一个主钟获取同步信号。图 7-12（b）是等级主从同步方式。

1. 主从同步网的优点

（1）各同步节点和设备的时钟都能直接地同步于主基准时钟，都具有与主基准时钟相同的精度。

（2）除主基准时钟的性能要求高外，其余的从钟与准同步方式的独立时钟相比，对之性能要求低，因而建网费用低。

2. 主从同步网的缺点

（1）在传送定时信号的链路和设备中，如有任何故障和扰动，都将影响同步信号的传送。

（2）当等级同步方式用于较复杂的数字网络时必须避免造成定时环路，这使得同步网的规划和设计变得复杂了。虽然等级主从同步方式有缺点，但网络系统灵活，时钟费用低。我国的国内同步网采取的即为等级主从同步方式。

7.5.2 互同步方式

互同步方式是指在数字通信网中不单独设置主基准时钟，数字设备或交换节点的时钟通

过锁相环路受所有接收到的定时信号的共同加权控制。在各时钟的相互作用下，将网内时钟达到一个稳定的系统频率，从而实现网同步。互同步方式示意图如图 7-13 所示。

1. 互同步方式的优点

（1）某个链路或时钟发生故障时，网内时钟仍处于同步工作状态。

（2）对时钟频率稳定度的要求低，从而降低设备费用。

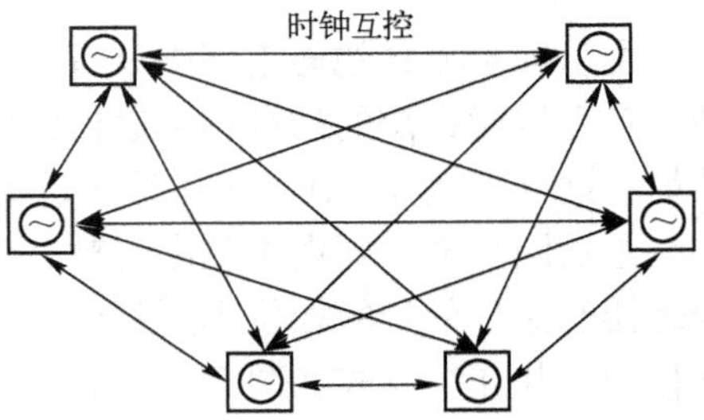

2. 互同步的缺点

（1）稳态频率取决于起始条件、时延、增益和加权系数等，容易引起扰动。

（2）由于系统稳态频率的不确定性，很难与其他同步方法兼容。

图 7-13　互同步方式示意图

7.5.3　准同步方式

准同步方式的特点是网内的时钟独立运行、互不控制，网内所有交换节点都使用高精度时钟。常用的时钟为铯原子钟，它的频率精度为 10^{-11}。网内各节点依靠高精度的时钟使得彼此工作接近于同步状态。虽然时钟频率不能绝对相等，但频差很小。由于没有时钟间的控制问题，所以网络简单、灵活。其缺点是对时钟的性能要求高，导致设备费用高。

准同步方式主要用于国际电话通信网中，因为这样可以避免国家间的从属关系。在大国的国内也可以采用准同步方式，这可以使网络的结构灵活，并避免时钟信号的长距离传输和控制。

思考题

我国的国内同步网采用哪种同步方式，有何优缺点？

 实训9　数字同步与眼图实验

【实训目的】
（1）熟悉数字基带信号的传输过程。
（2）掌握提取位同步信号的方法。
（3）掌握眼图测量方法。

【实训条件】
通信原理实验箱、双踪示波器。

【实训原理】
本实训采用直接提取法，即位同步提取的方法是从二相 PSK（DPSK）信号中，对解调出的数字基带信号直接提取出位同步信号。如图 7-14 所示为位同步恢复与信码再生电路方框图。

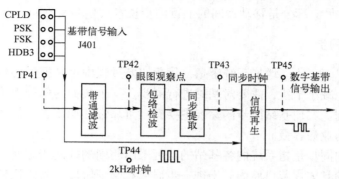

图 7-14 位定时恢复与信码再生电路方框图

本实训利用单片机来实现位同步时钟信号的提取。其实现的思路为：运用单片机的两个外部中断，实现同步时钟与外部数字基带信号同步。

具体实现办法：用外部中断 0 确定外部数字基带信号码元的长度，即所提取时钟的周期信息。当外部数字基带信号的下降沿到来时，单片机产生中断，执行计时功能，直到下一个下降沿到来，得到一个时间值。这样在一定时间范围内，只要外部数字基带信号有 "101" 形式存在，就可以确定所要提取时钟的周期；用外部中断 1 保证所提取时钟与外部数字基带信号同步。当外部数字基带信号的上升沿到来时，单片机即开始产生并输出同步时钟。

J401 共有来自四种基带信号输入，分别是：

第一排：来自 CPLD 可编程信号发生器产生的 2Kbps 伪随机码；

第二排：来自 PSK 解调电路的 2Kbps 数字基带信号；

第三排：来自 FSK 解调的 2Kbps 数字基带信号；

第四排：来自 HDB3 译码电路的 32Kbps 伪随机码；

各测量点说明如下：

TP41：基带信号输出测量点；

TP42：眼图观察测量点；

TP43：同步时钟提取测量点；

TP44：2kHz 时钟测量点；

TP45：信码再生基带信号输出测量点。

【实训内容与要求】

（1）数字基带信号由跳线开关 J401 输入。逐一测试 TP41 ～ TP45 各测量点波形，并做记录。

（2）将 2PSK 的调制电路调整好后，再将解调电路调整到最佳状态，逐一测量各关键点处的波形，注意相位关系。

（3）测试眼图时，将双踪示波器的二通道接 TP44，一通道接 TP42。注意观察并画出眼图波形，并注明眼图各参数。

 案例分析7 TD-SCDMA 系统中的同步技术

TD-SCDMA 系统中的同步技术主要由两部分组成：一部分是基站间的同步（Synchroniza-

数字通信技术及应用

tion of Node Bs）；另一部分是移动台间的上行同步技术（Uplink Syncronization）。

1. 基站间的同步

在大多数情况下，为了增加系统容量，优化切换过程中小区搜索的性能，避免相邻基站的收发时隙交叉，减小干扰，需要对基站进行同步。一个典型的例子就是存在小区交叠情况时所需的联合控制。实现基站同步的标准主要有：可靠性和稳定性；低实现成本；尽可能小地影响空中接口的业务容量。

所谓基站间的同步是指系统内各基站的运行采用相同的帧同步定时，同步精度要求一般是几微秒。所有的具体规范目前尚处于进一步研究和验证阶段，其中比较典型的有如下四种方案。

（1）基站同步通过空中接口中的特定突发时隙，即网络同步突发（Network Synchronzation Burst）来实现。该时隙按照规定的周期在事先设定的时隙上发送，在接收该时隙的同时，此小区将停止发送任何信息，基站通过接收该时隙来相应地调整其帧同步。

（2）基站通过接收其他小区的下行导频时隙（DwPTS）来实现同步。

（3）RNC 通过 Iub 接口向基站发布同步信息。

（4）借助于卫星同步系统（如 GPS）来实现基站同步。

Node B 之间的同步只能在同一个运营商的系统内部。在基于主从结构的系统中，当在某一本地网中只有一个 RNC 时，可由 RNC 向各个 Node B 发射网络同步突发，或者是在一个较大的网络中，网络同步突发先由 MSC 发给各个 RNC，然后再由 RNC 发给每个 Node B。

在多 MSC 系统中，系统间的同步可以通过运营商提供的公共时钟来实现。

2. 上行同步

在 CDMA 移动通信系统中，下行链路总是同步的。所以，一般所说的同步 CDMA 都是指上行同步，如图 7-15 所示。上行同步技术是 TD-SCDMA 系统关键技术之一。所谓上行同步，即要求来自不同距离的不同用户终端的上行信号能够同步到达基站。对于 TDD（时分双工）

图 7-15　上行同步示意图

系统来说，上行同步能给系统带来很大的好处。由于移动通信系统工作在具有严重干扰、多径传播和多普勒效应的实际环境中，要实现理想的同步几乎是不可能的。但是，让每个用户上行信号的主径达到同步，对改善系统性能、简化基站接收机的设计都有明显好处。

上行同步过程主要用于随机接入过程和切换过程前，用于建立用户设备和基站之间的初始同步，也可以用于当系统失去上行同步时的再同步，同步的精度一般要求在 1/8 ～ 1chip。

当用户设备（Use Equipment，UE）加电后，它首先必须建立起与小区之间的下行同步。只有当 UE 建立了下行同步时，它才能开始上行同步过程。建立了下行同步之后，虽然 UE 可以接收到来自 Node B 的下行信号，但是它与 Node B 间的距离却是未知的。这将导致上行发射的非同步。为了使同一小区中的每一个 UE 发送的同一帧信号到达 Node B 的时间基本相同，避免大的小区中的连续时隙间的干扰，Node B 可以采用时间提前量调整 UE 发射定时。因此，上行方向的第一次发送将在一个特殊的时隙 UpPTS 上进行，以减小对业务时隙的干扰。

具体的步骤如下：

（1）下行同步建立。即上述小区搜索过程。

（2）上行同步的建立。UE 上行信道的首次发送在 UpPTS 这个特殊时隙进行，SYNC_UL 突发的发射时刻可通过对接收到的 DwPTS 和/或 P-CCPCH 的功率估计来确定。在搜索窗内通过对 SYNC_UL 序列的检测，Node B 可估计出接收功率和时间，然后向 UE 发送反馈信息，调整下次发射的发射功率和发射时间，以便建立上行同步。在以后的 4 个子帧内，Node B 将向 UE 发射调整信息（用 F-PACH 里的一个单一子帧消息）。

（3）上行同步的保持。NodeB 在每一上行时隙检测 Midamble，估计 UE 的发射功率和发射时间偏移，然后在下一个下行时隙发送 SS 命令和 TPC 命令进行闭环控制。

思考题

　　TD-SCDMA 系统中的同步技术由哪两部分组成？如何与我们前面所学的基本同步技术结合起来理解？

 知识梳理与总结 7

1. 知识体系

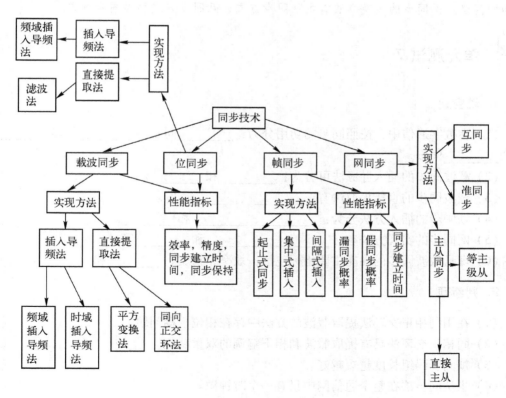

2. 知识要点

(1) 同步是通信系统中一个重要的问题。在通信系统中，同步具有相当重要的地位。通信系统的工作能否有效、可靠，很大程度上取决于有无良好的同步系统。通信系统中的同步可分为载波同步、位同步、帧同步和网同步。

(2) 载波同步是指在采用相干解调时，接收端获得与发端载波同频同相的载波的过程。载波同步有插入导频法和直接提取法两类。插入导频法又分为频域插入法和时域插入法；直接提取法又包含平方变换法和同相正交环法等。衡量载波同步的性能主要是：效率，精度，同步建立时间和同步保持时间。

(3) 在接收端产生与接收码元的重复频率和相位一致的定时脉冲序列的过程称为位同步。位同步也分插入导频法和直接提取法两类。位同步系统的性能与载波同步系统类似，通常也是用相位误差、建立时间、保持时间等指标来衡量。

(4) 为了使接收端能正确分离各路信号，在发送端必须提供每帧的起止标记，在接收端检测并获取这一标志的过程，称为帧同步。帧同步有起止式同步法、集中式插入法和间隔式插入法。帧同步性能的主要指标是同步可靠性（包括漏同步和假同步概率）及同步建立时间。

(5) 随着数字通信的发展，尤其是计算机技术和通信系统相结合后，出现了多点之间的通信，这便构成了数字通信网。全网必须有一个统一的时间标准，使整个通信网同步工作，此即网同步。网同步的实现方法有主从同步方式、互同步方式和准同步方式。

 ## 单元测试7

1. 填空题

(1) 在数字通信中，按照同步的功用分为：_____同步、_____同步、_____同步和_____同步。

(2) 载波同步的插入导频法可分为：_____和_____。

(3) 载波同步的直接提取法有：_____、_____等。

(4) 帧同步的插入方法分为：_____、_____和_____。

(5) 网同步的实现方法有：_____、_____和_____等。

(6) 衡量载波同步的性能主要指标包括：效率、精度、_____和_____。

2. 判断题

(1) 在用同相正交环法提取载波的方法中存在相位模糊问题。　　　　　　（　　）

(2) 同相正交环法具有提取载波和相干解调的双重功能。　　　　　　　　（　　）

(3) 帧同步码组长度越短越好。　　　　　　　　　　　　　　　　　　　（　　）

(4) 主从同步法在整个通信网中只有一个时钟源。　　　　　　　　　　　（　　）

(5) 在准同步方式中，网内所有交换节点都使用高精度时钟。　　　　　　（　　）

3. 简答题

（1）什么是载波同步？它有哪几种实现方法？

（2）什么是位同步？它有哪几种实现方法？

（3）什么是帧同步？它有哪几种实现方法？

（4）对帧同步系统的要求有哪些？

（5）什么是网同步？实现网同步的方法有哪些？

反侵权盗版声明

　　电子工业出版社依法对本作品享有专有出版权。任何未经权利人书面许可，复制、销售或通过信息网络传播本作品的行为；歪曲、篡改、剽窃本作品的行为，均违反《中华人民共和国著作权法》，其行为人应承担相应的民事责任和行政责任，构成犯罪的，将被依法追究刑事责任。

　　为了维护市场秩序，保护权利人的合法权益，我社将依法查处和打击侵权盗版的单位和个人。欢迎社会各界人士积极举报侵权盗版行为，本社将奖励举报有功人员，并保证举报人的信息不被泄露。

举报电话：(010) 88254396；(010) 88258888

传　　真：(010) 88254397

E-mail：dbqq@phei.com.cn

通信地址：北京市海淀区万寿路 173 信箱
　　　　　电子工业出版社总编办公室

邮　　编：100036